中华茶文化与健康

（第2辑）

主　编　陈可冀

副主编　林　松

编　委（以姓氏拼音为序）

陈可冀　陈立典　陈荣冰　付长庚　韩碧群

李晓雅　林　松　刘龙涛　刘志彬　倪　莉

饶平凡　王一君　王泽平　卫　明　叶启桐

人民卫生出版社

·北　京·

图书在版编目（CIP）数据

中华茶文化与健康．第 2 辑 / 陈可冀主编 ．—北京：
人民卫生出版社，2021.9

ISBN 978-7-117-32124-2

Ⅰ．①中… Ⅱ．①陈… Ⅲ．①茶文化–中国②茶叶–
关系–健康 Ⅳ．①TS971.21②R161

中国版本图书馆 CIP 数据核字（2021）第 191108 号

人卫智网	**www.ipmph.com**	医学教育、学术、考试、健康，购书智慧智能综合服务平台
人卫官网	**www.pmph.com**	人卫官方资讯发布平台

中华茶文化与健康（第 2 辑）
Zhonghua Chawenhua yu Jiankang（Di 2 Ji）

主　　编：陈可冀
出版发行：人民卫生出版社（中继线 010-59780011）
地　　址：北京市朝阳区潘家园南里 19 号
邮　　编：100021
E － mail：pmph @ pmph.com
购书热线：010-59787592　010-59787584　010-65264830
印　　刷：北京盛通印刷股份有限公司
经　　销：新华书店
开　　本：710×1000　1/16　印张：8
字　　数：100 千字
版　　次：2021 年 9 月第 1 版
印　　次：2021 年 11 月第 1 次印刷
标准书号：ISBN 978-7-117-32124-2
定　　价：55.00 元

打击盗版举报电话：010-59787491　E-mail：WQ @ pmph.com
质量问题联系电话：010-59787234　E-mail：zhiliang @ pmph.com

内容提要

　　本书是 2019 年出版的《中华茶文化与健康》的续篇,由全国多位茶叶及茶疗研究的著名专家学者结合多年研究成果和经验编写而成,从中国饮茶文化、茶叶品种与分类、茶叶生产的标准化与科学化、茶叶的保健与治疗功能、茶叶的有效成分、茶疗现代研究的最新进展等方面介绍了中国传统的饮茶文化及茶疗在促进人民健康方面发挥的重要作用,能够让读者较为系统深入地了解中华茶文化的精粹内容,以及茶疗在疾病治疗及"治未病"方面的具体作用,并对茶叶生产的标准化与科学化有一定启示作用。

　　本书内容生动翔实而又严谨专业,既能为大众日常饮茶提供理论和实践参考,也可以为专业人士应用茶叶防病、治病提供经验借鉴。本书在现代研究和茶叶生产标准化、科学化方面的探讨也能进一步拓展广大茶叶科研工作者和企业家的思路。

前　言

　　茶叶具有悠久的历史。"茶之为饮,发乎神农氏。"中国茶叶的历史至少有四五千年。《神农本草经》记载:"神农尝百草,日遇七十二毒,得茶而解之。"周代,茶已经被作为贡品和礼品,并发展出药用、食用、饮用等多种用途。《诗经》中亦有"谁谓茶苦,其甘如荠"的记载。到了唐代,茶叶种植得以广泛推广,加之佛教兴盛、贡茶兴起、气候适宜以及禁酒令的颁布等特定历史条件,饮茶文化达到了巅峰水平,也成就了一代"茶圣"陆羽,其著作《茶经》从茶之源、具、造、器、煮、饮、事、出、略、图等方面系统总结和介绍了茶叶的历史和文化,成为后世研究茶文化的重要参考。

　　茶叶的药用价值一直备受世人的关注和重视。《神农本草经》记载:"苦菜,一名茶草……久服,安心益气,聪察少卧,轻身耐老。"唐代孙思邈在其著作《备急千金要方》中收录了10余首药茶方以防病治病,陈藏器更有"诸药为各病之药,茶为万病之药"的论述;宋代《太平圣惠方》载有多首药茶方,《养老奉亲书》载有很多防治老年病的药茶,服用方法为散末"点汤",丰富了茶疗的应用;明代《普济方》在食治门中专辟"药茶"一篇收载药茶方,并详细阐述了其适应证和饮用方法,标志着中药代茶饮的发展趋于成熟;清代,载有药茶方的著作日益增多,药茶在宫廷中也备受推崇,成为王公贵族乐于接受的方法。历代医家的100多种本草著作为我们留下了近 2 000 个茶疗方剂,成为茶文化与健康事业发展的珍贵财富。

中华人民共和国成立以来,尤其是改革开放后,众多茶叶行业工作者在传承中国传统茶文化的同时,应用现代科学技术,不断挖掘中国茶文化与健康的精粹,同时饮茶与茶疗保健也成为了现代人的生活时尚。本书主要从以下几个方面对中华茶文化与健康进行介绍:

第一,中国饮茶文化。整理历代名家及著作中关于饮茶文化的记载,论述传统茶叶分类及品种优劣,介绍传统饮茶在水源、器皿、火候、流程、氛围等方面的考究,重点介绍了"茶圣"陆羽及其代表性著作《茶经》中的哲学思想与文化传承。

第二,茶叶的功效与成分研究。既从传统医学的角度探讨了茶叶的养生保健功效及应用,又从现代研究角度介绍了茶叶的功效及主要成分,从功效角度探讨了饮茶对运动康复的促进作用,从作用机制角度探讨了茶叶对免疫细胞的直接作用及乌龙茶对唾液菌群的改善影响,从茶叶化学角度介绍了茶叶的主要成分并重点论述茶多酚在茶叶中的药效核心作用。

第三,优质产地茶叶的研究与开发。以优质茶叶产地武夷山为例,详细介绍其特色优质茶叶武夷岩茶、肉桂茶等的历史沿革、优质成因、品种分类、制作和保健功效等内容。

此外,本书还就现代茶叶生产的标准化及科学化问题进行了探讨,对于现代茶叶事业的发展和茶叶企业的生产经营有许多参考意义。

本书是中华茶文化与健康系列书籍的第 2 辑。2019 年,《中华茶文化与健康》一经出版,因其翔实生动且严谨专业的内容迅速得到业内人士的一致好评。为进一步满足广大读者的阅读需求,遂再次邀请相关专家编写此书。

本书的出版,得到了各界人士和有关单位的大力支持,在图书付梓之际谨表谢意!

我们希望本书能对读者提供有益的帮助。本书不足之处在所难免,恳请广大读者悉谅,更欢迎广大读者直言斧正。

编　者
2021 年 6 月

目　录

饮 茶 杂 谈

陈可冀

我平生爱茶、嗜茶、与茶结缘。平生日必有茶,虽不甚考究,但却从不远茶。曩昔在厦门应福建名医盛国荣教授之邀,主持其有关心血管病临床经验学术会议,与当年同在鹭岛参会的沪上名医裘沛然教授三人一同在新建厦门宾馆饮茶,谈天说地,兴趣盎然。裘老生前曾是《辞海》唯一的中医药界编委,以烟瘾著称于世,烟斗不离口,餐饮间曾云要编写一本论述吸烟好处的著作,与一般民众议论有大别云。盛老则又以嗜茶著称于世。席间议论,论古谈今,兴趣甚浓,笑声不停。盛老著有饮茶著作面世,纵论饮茶之健身,可以一览其饮茶对保健益处的种种高论。世人还有"人生如茶须慢品,岁月似歌要静听"之说,道出了本真的评价,讲究的是情调与气氛。席间有说有笑,我戏称裘老是"烟圣",盛老是"茶仙",二老大笑。

我国是茶及茶文化之原产故乡。以茶会友与结缘,更是中国人民之习俗礼节与传统雅趣。所谓的诗、酒、茶与美食要俱备以成宴。"寒夜客来茶当酒",则另有一番情趣。有关茶与医药及茶文化的记载,见诸《神农本草经》、《尔雅》、陆羽《茶经》、白居易及苏东坡等相关的代表性诗词佳作。晋代王羲之名作有所谓之"曲水流觞",其实杯子里实实在在是酒。世人还有所谓"茶痴"者,讲究饮茶要好茶、好水、好器皿、好杯、好火、好人、好时光,乃至好友对饮,等等。古典小说中还提到"淑女贵妇"品茶,还特别要讲究气氛的。当然,所谓的好茶似乎更有很多讲究了。

当代十大好茶中,我习常喜爱铁观音的香气与口感,而武夷岩茶更以号称"中国十大名茶之一"著称。我到台湾,发现高山茶与铁观音口感基本一样,很好。西湖龙井、碧螺春也很好,清香而爽口。前者偏温,后者偏凉,根据时令与胃气喜恶,自当合理择取充饮为宜。史载乾隆皇帝曾四次到杭州品龙井茶,此茶色绿光润、香高隽永,碧绿而味醇。乾隆曾将此地18株茶树钦定为"御茶",其故址以及此类茶树今在杭州仍可得见,数年前我曾到访该处。

《红楼梦》里有不少关于饮茶的故事。贾母说:"我不吃六安茶。"其实,六安茶消食导滞也很好,当然其口感则平平云。清代慈禧太后也曾饮用过六安茶贡品,如西太后"起居注"中曾有有关的记录,我曾注意到。

1991年冬天,中国科学院生物学部组织度假访问团到昆明,那时的省委书记普朝柱接见我们时请我们大家喝了普洱茶,讲了它的好处。此茶口感很好,有消食助消化的功效,经济价值颇高,当年与云烟同为云南省增加不少经济效益。据称,普洱茶也是乾隆喜爱饮用之茶。当年访问大理,其地有享有盛名的"三道茶",不洒农药,很有特色,应是大自然的恩惠吧。我在"南滇杂咏六首"中写了一首《品白族三道茶》:"白族迎宾三道茶,先苦后甜回味加;纵是品茗论茶道,人生哲理当不差"。

茶叶的功能是我们所至为关注的事。通常茶叶所含的营养成分是大家所关心的。人体中所含近百种元素中,据称一般茶叶含30种左右。茶叶主要含有多酚类化合物、儿茶素类化合物、氟、钾、锰、硒、铝、碘等。其中,氟的含量较高,锰及钾的含量也不低。绿茶中维生素C、维生素B_2、维生素P的含量一般也都较高。茶叶的保健效能很好。茶多酚曾被研发为性病尖锐湿疣外用药,已应用多年。茶叶的保健功能尚有待进一步研究开发。

苏东坡有云"人生如逆旅,我亦是行人","何须魏帝一丸药,且尽卢全七碗茶","且将新火试新茶,诗酒趁年华",很加欣赏。也不免增添了我们对茶与茶叶的一番对保健功能看重的心境。

一、茶叶品类

茶叶品类甚多,我其实也很外行。但我饮用和接触过或习用的茶叶大抵可以列出如下,每人感受自可不尽相同。

1. 绿茶 绿茶是基本茶类,属不发酵茶,约占我国所产茶叶总量的 70%,是我国历史上最早出现的茶类。绿茶销售至 50 多个国家和地区。我喜欢喝碧螺春,色香味兼备;此茶名称为康熙皇帝所赐,乾隆亦为此茶题词,今尚可见,可称历史名茶。西湖龙井色绿香郁、味醇形美;清明前后至谷雨采集,在杭州现在还可见到乾隆为此茶叶题字赞许匾。六安瓜片,产于安徽六安,清香持久。庐山云雾茶,多有历朝名家诗文称扬,每年 5 月初开采。崂山春茶,主产于崂山山脉,是青岛名优绿茶。信阳毛尖也是珍品。竹叶青,扁形炒青绿茶,因形如竹叶,久未定名,陈毅元帅到访时称"就叫竹叶青吧",绿而明亮、清香馥郁。我 30 多年前受成都军区领导邀请访问庐山时曾获寺院主持馈赠饮用过,口感甚好。

2. 红茶 红茶为全发酵茶,于二三百年前在福建崇安最早开发生产,华南茶区的海南、两广以及华东一些省(如江苏、台湾)亦产,故有闽红、越红、苏红、滇红及日月潭红等称号。正山小种醇滑回甘、红艳浓厚,主产于武夷山区,颇受海内外欢迎,我喜欢其色泽及回甘口感,甚好。日月潭红茶,粗壮浓醇、橘红色,主产于南投县一带,是历史名茶;据称出口量数千吨,超过乌龙茶。

3. 乌龙茶 乌龙茶亦称青茶,为半发酵茶,有闽北乌龙茶、闽南乌龙茶、广东乌龙茶及台湾乌龙茶之分。茶多酚类氧化程度从轻到重为高山乌龙茶、冻顶乌龙茶、闽南乌龙茶、广东乌龙茶等。此外,还有安溪铁观音(兼具红茶之甘醇和绿茶之清香)、大红袍(史称乌龙茶）、武夷肉桂茶、岭头单从茶（广东劳平）、木栅铁观音（台湾南投）等。

4. 黄茶 黄茶属轻发酵茶。

5. 白茶 白茶属不发酵茶，产于福建福鼎、政和、松溪、建阳，销往东南亚及美国。

6. 黑茶 黑茶属后发酵茶。其中，以云南普洱茶最著名（有紧茶、散茶之分），号称宫廷普洱礼茶、普洱茶砖。主产于云南西双版纳、广东顺德。此外，还有重庆沱茶（黑茶的紧压茶）。

7. 花茶 花茶又称熏花茶或香片茶，主要以绿茶、红茶或乌龙茶作为茶坯，配以能够吐香的鲜花作为原料，采用窨制工艺制作而成。主产于闽、浙。因香花各异，有茉莉花茶、玫瑰花茶、白兰花茶、玳玳花茶、柚子花茶、金银花茶、桂花茶等不同。销往日本、西欧、东南亚。福州茉莉花茶是历史名茶。

二、关于茶具、操作与饮茶习惯

1. 茶具 大茶壶、茶盘、茶船、茶壶、水盂、盖碗杯、茶巾、茶匙、茶则、茶漏、茶针、茶尖、水壶、茶筒、茶罐、谷道杯、湿壶、温杯瓷、罐壶、分杯、小茶杯、签具。

2. 操作 温杯、烫杯、取茶、置茶样、置茶、理茶、湿润茶、闻茶香、冲泡、赏茶、分茶、奉茶、弃杯。

3. 盖碗茶 泡茶、取盖、温具、烫杯、弃水、翻盖、置杯、赏茶、湿润泡、冲泡、加盖、焖茶。

以盖撇沫、取盖闻香、斜盖成流、拿杯、小口细品、品饮。

4. 闽（福建）式小茶壶泡茶法 备具、翻杯、赏茶、取壶盖、温壶、加盖、旋转茶壶、弃水、开盖、取茶漏、置茶漏、置茶、取茶漏、冲水、烫杯、冲泡、刮沫、淋壶、烫杯、行云流水、关公巡城、韩信点兵、奉茶。

标准化、科学化：茶业发展的关键

林 松

白居易诗云："无由持一碗，寄与爱茶人。"因为爱茶、关心茶、研究茶，2019 年 12 月，我们在风景优美、茶文化浓郁的福建武夷山，召开了茶疗与健康论坛。

大美武夷山水。古秦人《异仙录》云："始皇二年，有神仙降此山，曰余为武夷君。"武夷山因此而得名。另有传说，彭祖曾隐居于武夷山。彭祖寿 800 岁，其长子名武，次子名夷，武夷山因此而得名。

《神农食经》载："茶茗久服，令人有力悦志。"中国发现茶、利用茶始于 4 700 年前的远古时期。陆羽《茶经》曰："茶之为饮，发乎神农氏。"宋徽宗《大观茶论》论茶详尽，赞美茶与自然道生。范仲淹诗赞曰："溪边奇茗冠天下，武夷仙人从古栽。"17 世纪，茶被引入欧洲时，受到欧洲医学界的重视（首先推广茶叶的是医生）。当时的医生在一本小册子《医药观察》中这样写道："没有一种植物可以和茶相媲美。人们之所以饮茶完全是出于一个原因：远离疾病侵害，延年益寿。"18 世纪，英国文坛泰斗塞缪尔·约翰逊自称是"与茶为伴欢娱黄昏，与茶为伴抚慰良宵，与茶为伴迎接晨曦"。

中国茶道体现中国茶文化的精髓。"和"是中国茶道哲学思想的核心。中国茶道追求的"和"源于《周易》中的"保合太和"，指世间万物皆由阴阳两要素构成，阴阳协调，保全太和之元气以普利万物才是人间正道。"静"是中国茶道的灵魂。老子说："致虚极，守静笃，万物并作，吾以观其复。夫物芸芸，各复归其根。归根曰静，是谓复命。"《太上老君说常清静经》曰："人能常清静，天地悉皆归。"饮茶有助于清净心灵，达到"静"的状态，天人合一。

标准，技术之准绳，是市场经济活动中的一种社会共识、责任，亦是共同信守的民约依据，在经济社会发展中具有重要作用。标准化是标准制定、标准执行等一系列活动。如何更科学、更有效地实施标准化，发挥标准化在经济社会发展中的积极作用，是当前我国面临的战略性课题。标准科学化亦是衡量一个国家经济社会发展水平的标志。

谚云："开门七件事，柴米油盐酱醋茶。"茶对生命健康有着重要意义。茶叶质量关系民生。茶的标准化又是传统技术工艺，以及"规范种植，择时采收，储运管理、制定标准茶样及对样评茶、茶叶农残，卫生检测"等的关键和核心，是茶叶质量的保障。

在现行茶叶标准制度下，标准化缺乏一套科学有效的标准制定、茶叶等级标准、茶叶审评运行机制和科学制度。目前，我国缺乏茶叶等级方面的有效国家审评标准施行机制。例如，我国制定了《茶叶感官审评方法》（GB/T 23776—2009），并确定了茶叶评审"八项因子"（茶叶外形的形态、色泽、匀整度和净度，内质的汤色、香气、滋味和叶底等）。而实际上，依据 GB/T 23776—2009，很难有效评定茶叶标准等级。由于缺乏有效的国家茶叶等级审评标准施行机制，以及质量标准与市场交易共同信守提升质量标准意愿和守则、运行机制，导致质量标准等级市场准则缺乏，茶叶等级审评诚信缺失，而在茶叶市场上，则标准等级混乱，消费者购买茶叶无法有效判断茶叶的品质。

标准的制定、标准自觉能动性、标准运行机制皆是社会制度所决定的。先进文明进步，是制度标准化进程的体现。制度的科学程度，是文明发展程度的体现。技术标准亦然，应明确政府、社会团体行业组织、企业三者各自的职责，清晰标准制定的相应制度；实现政府、社会团体行业组织、企业各司其职，各自积极、主动发挥相应作用；企业和消费者能够对国家标准的立项和制定、修订发表意见，保证标准制定的协商一致和科学性，保障标准制定的多方参与，实现科学研究和决策。

1934 年，美国约翰·盖拉德在《工业标准化——原理与应用》一书中指出：标准是确立下来的一种规范，限定、规定或详细说明一种准则、一个物体、一种动作、一个概念或观念等某些特点，说明标准化，其实是制度的一种表现形式。

质量标准是市场经济活动中的一种社会共识、责任，亦是共同信守的民约依据。当鼓励企业制定标准，若被国家或社会组织评定认可，即产生经济效益、社会效益，成为一种崇高的社会荣誉，以促进标准化的发展进步。

茶叶对运动康复的促进作用探讨

陈立典

茶叶是大自然珍贵的馈赠。茶叶中含有茶多酚、咖啡碱（又称咖啡因）、蛋白质、氨基酸、有机酸等营养和药效成分。有研究表明，茶叶中的茶多酚、咖啡碱等成分，可以有效调节肠道菌群结构与组成，修复胃肠正常功能，从而提高运动耐力、促进运动恢复。

一、运动康复的意义

运动康复改善身体功能水平，提升健康状态。身体功能水平的高低决定着疾病的发生、发展与转归。慢性病患者和老年人存在不同程度的功能水平限制或衰退。运动康复可以改善慢性病患者的功能水平，减轻他们的疾病状态，降低并发症的发生率。对老年人而言，运动康复有助于改善他们的自主生活活动能力，增加健康生命年。

1. 运动康复提升人体功能水平　有充分的证据显示[1]，有氧运动训练是一种有价值的中风后康复治疗措施，有助于改善中风后患者的心肺功能，提升其功能水平和生活质量。每周 3~5 次、每次 20~40 分钟、运动强度达到 50%~80% 心率储备的有氧运动训练，可显著提高脑卒中患者步行速度和步行耐力[2]。有氧运动训练也是改善肥胖老年人功能水平的最有效手段。肥胖老年人坚持有氧运动，体重平均下降 9%，步速提高 9%，生活质量评分提高 14%[3]。

2. 运动康复改善血压、血糖 长期中等强度有氧训练有效降低高血压患者血压,大多数高血压指南推荐将中高强度的体育运动作为高血压防治的重要手段。患有并发症或体质虚弱的高血压患者,坚持长期低强度步行运动也可以有效降低血压。研究发现[4],一次 3km 的低强度步行运动即可产生短暂的降压效应和轻微的心率负性变时效应;2 个月的规律低强度步行运动(50~60min/d,5~7 次 /w)可对高血压患者产生显著的降压和降心率作用。高强度间歇运动有利于改善 2 型糖尿病患者的血糖水平和胰岛素敏感性[5]。一项纳入 14 个对照试验[含 12 个随机对照试验(RCT)]的系统回顾结果显示[6],运动训练可使糖尿病患者的糖化血红蛋白(HbA1c)下降约 0.66%,从而显著降低糖尿病并发症的发生率。

3. 运动康复改善抑郁状态,促进脑健康 研究显示,跑步后人体循环中的内源性大麻素(ECB)增加,使跑步者产生欣快感。骑自行车 30 分钟[7],受试者的油酰乙醇胺(OEA)水平上升 26%,而血浆 OEA 水平与积极情绪呈正相关,这是运动带来愉悦感的基础,可对人的心理健康产生长期的有益影响。改善心肺功能的有氧运动可以提升健康老年人的认知功能。一项纳入 11 个 RCT 的 Meta 分析结果显示[8],有氧运动干预可带来约 14% 的心肺耐力提升伴认知功能改善,运动功能对认知功能的影响最大(效应值为 1.17),在认知速度(效应值为 0.26)和视觉注意(效应值为 0.26)方面观察到中度影响。

4. 运动康复降低心脑血管疾病的发病率和死亡率 有氧运动有利于改善中风后患者的心血管疾病危险因素,是降低未来心血管事件和再发卒中风险的重要组成部分。一项纳入 17 个国家(包括中国)、13 万例(35~70 岁)、历时 8 年的前瞻性队列研究结果显示[9],与低体力活动人群相比,中、高等强度体力活动人群的死亡率分别下降 20% 和 35%,心肌梗死、脑卒中、心力衰竭等心脑血管疾病（CVD）风险下降14%。该研究证实，增加体力活动是一项操作简单、广泛适用、低成本的降低中年人死亡率和CVD风险的全球战略。

5. 运动康复降低肿瘤复发率 Brown JC 等[10]将39例Ⅰ~Ⅲ期结肠癌患者随机分为常规护理对照组、150min/w 有氧运动（低剂量）组、300min/w 有氧运动（高剂量）组，连续干预6个月。结果显示，结肠癌幸存者短时和长时有氧运动，有效减少内脏脂肪，6个月分别减少 $9.5cm^2$ 和 $13.6cm^2$ 的内脏脂肪组织，从而降低复发率。

二、运动康复方案的制订

全面而精准的人体功能水平评估是科学运动康复的基础。功能评估主要包括心肺耐力、肌肉力量、平衡能力及认知功能等的评估。其中，心肺功能是人体功能的核心，而改善心肺功能是慢性病患者、老年群体的重要康复目标，也是运动康复的主要目标。目前，国内运动功能评估领域大多采用欧美标准，然而由于欧美人与中国人之间存在体质、生理特点上的诸多差异，照搬欧美标准可导致评估结果差异，据此制订的运动康复处方针对性不强、效果不理想。因此，通过大规模的人群试验建立中国人群的心肺功能、肌力、平衡能力等常模，实现中国人群心肺功能、肌力、平衡能力等的精准评估，进而创建适用于中国人群的专属科学运动处方库（运动方式、运动时间、运动强度、运动频率及注意事项等），是实现安全有效的运动康复的关键环节。

针对不同的康复群体，应制订不同的个性化运动康复方案，在康复治疗师指导下进行康复训练。如针对慢性病患者，建议在心率表、心率带等运动监测设备的实时、动态监控下，利用跑步机、功率车、力量训练仪等进行心肺训练、力量训练，也可以开展传统运动疗法训练，如太极拳、八段锦等。老年人可采用更为安全的反重力跑台、水中跑台和趣味性较强的体感游戏等进行康复训练。没有疾病的一般性群体，可根据自身情况选择不同的运动器械，如楼梯机、椭圆机、综合力量训练器等进行较高强度的有氧训练、力量训练，提升自身的功能水平。

三、茶叶对运动康复的促进作用

美国哈佛大学的一项研究发现[11]，运动员与正常人之间的运动能力差异和肠道韦荣球菌（Veillonella）菌群具有相关性。马拉松运动员的肠道内有 Veillonella 菌群，通过分解乳酸来获取生长所需的碳元素。马拉松比赛后，运动员肠道内的 Veillonella 菌群相对丰度增加，乳酸代谢途径更为活跃。运动后血液中积攒的乳酸透过上皮屏障进入肠腔，Veillonella 菌群分解大量乳酸，从而减少乳酸堆积，提高运动耐力，促进运动恢复。

茶叶中含有茶多酚、咖啡碱等成分，可以调节肠道菌群的结构与组成，修复胃肠道正常功能，从而促进运动恢复，提高运动耐力。研究发现，绿茶、红茶和茯砖茶水提物[12]，在肠道内产生大量短链脂肪酸，降低 pH，调节肠道菌群结构与组成，促进双歧杆菌的生长，抑制拟杆菌、肠杆菌和梭状芽孢杆菌生长，促进肠道菌群平衡，具有良好的益生作用。普洱茶[13]中的茶褐素可以促进肠道乳酸杆菌、双歧杆菌增殖，抑制大肠杆菌、肠球菌等腐败细菌生长，有改善肠道菌群失调的作用。桑抹茶[14]具有降尿酸作用，可增加肠道乳杆菌等肠道优势菌群比例，降低血清内毒素水平，抑制黄嘌呤氧化酶活性。武夷岩茶[15]使糖尿病大鼠的肠道菌群门、属发生显著变化，拟杆菌门的比例提高，变形菌门的比例降低，从而改善肠道菌群结构。乌龙茶[16]中的茶多酚使小鼠肠道总菌群多样性增加，肠道丁酸/乙酸盐产生菌的丰度亦显著升高，从而调节肠道菌群。

这些研究都充分显示了茶叶对运动康复有重要促进作用。同时,运动后喝茶还有助于疏解情绪,增强身心愉悦感。加大对茶叶在运动康复中促进作用机制的研究,科学指导运动训练人员喝茶,以帮助他们恢复体能,提升运动耐力,有着积极的意义。

参考文献

［1］Billinger SA, Boyne P, Coughenour E, et al. Does aerobic exercise and the FITT principle fit into stroke recovery?［J］. Curr Neurol Neurosci Rep, 2015, 15（2）: 519.

［2］Pang MY, Eng JJ, Dawson AS, et al. The use of aerobic exercise training in improving aerobic capacity in individuals with stroke: a meta-analysis［J］. Clin Rehabil, 2006, 20（2）: 92-111.

［3］Villareal DT, Aguirre L, Gurney AB, et al. Aerobic or resistance exercise, or both, in dieting obese older adults［J］. N Engl J Med, 2017, 376（20）: 1943-1955.

［4］Lu Q, Wang SM, Liu YX, et al. Low-intensity walking as mild medication for pressure control in prehypertensive and hypertensive subjects: how far shall we wander?［J］. Acta Pharmacol Sin, 2019, 40（8）: 1119-1126.

［5］da Sliva DE, Grande AJ, Roever L, et al. High-intensity interval training in patients with type 2 diabetes mellitus: a systematic review［J］. Curr Atheroscler Rep, 2019, 21（2）: 8.

［6］Boulé NG, Haddad E, Kenny GP, et al. Effects of exercise on glycemic control and body mass in type 2 diabetes mellitus: a meta-analysis of controlled clinical trials［J］. JAMA, 2001, 286（10）: 1218-1227.

［7］Stone NL, Millar SA, Herrod PJJ, et al. An analysis of endocannabinoid concentrations and mood following singing and exercise in healthy volunteers［J］. Front Behav Neurosci, 2018, 12: 269.

［8］Angevaren M, Aufdemkampe G, Verhaar HJ, et al. Physical activity and enhanced fitness to improve cognitive function in older people without known cognitive impairment［J］. Cochrane Database Syst Rev, 2008, 16（3）: CD005381.

［9］Lear SA, Hu W, Rangarajan S, et al. The effect of physical activity on mortality and cardiovascular disease in 130 000 people from 17 high-income, middle-income, and low-income countries: The PURE Study [J]. Lancet, 2017, 390 (10113): 2643-2654.

[10] Brown JC, Zemel BS, Troxel AB, et al. Dose-response effects of aerobic exercise on body composition among colon cancer survivors: a randomised controlled trial [J]. Br J Cancer, 2017, 117 (11): 1614-1620.

[11] Scheiman J, Luber JM, Chavkin TA, et al. Meta-omics analysis of elite athletes identifies a performance-enhancing microbe that functions via lactate metabolism [J]. Nat Med, 2019, 25 (7): 1104-1109.

[12] 侯爱香, 颜道民, 孙静文, 等. 绿茶、红茶和茯砖茶水提物对肠道微生物体外发酵特性的影响 [J]. 茶叶科学, 2019, 39 (4): 403-414.

[13] 岳随娟, 刘建, 龚加顺. 普洱茶茶褐素对大鼠肠道菌群的影响 [J]. 茶叶科学, 2016, 36 (3): 261-267.

[14] 朱发伟, 楼招欢. 桑抹茶对高尿酸血症模型大鼠血尿酸水平及肠道菌群的影响 [J]. 中国现代应用药学, 2017, 34 (8): 1084-1088.

[15] 马玉仙, 蒋慧颖, 曾文治, 等. 武夷岩茶对糖尿病大鼠肠道菌群的调节作用 [J]. 福建农林大学学报 (自然科学版), 2019, 48 (1): 22-27.

[16] Cheng M, Zhang X, Zhu JY, et al. A metagenomics approach to the intestinal microbiome structure and function in high fat diet-induced obesity mice fed with oolong tea polyphenols [J]. Food Funct, 2018, 9 (2): 1079-1087.

红茶茶汤纳米颗粒对免疫细胞的直接作用

饶平凡　柯李晶　周建武　高观祯　汪惠勤　韩　欢　徐　玮

在全国各地的产茶区里,武夷山的茶人有独特的品茶方式——"啜饮"。所谓啜饮,即将较高温度的茶汤,小口吸入,配合腹部吸气,在口腔中充分激荡之后再分几次吞咽。评判乌龙茶的品质,除了色泽与香气外,重要的标准就是吞咽之后,是否立即感觉喉咙甘滑,之后是否回甘、生津和打嗝。咽喉的甘滑、生津时口腔的舒适感,以及打嗝释放上部食管紧张导致的轻松,这些身体反应,在生理学上意味着什么,至今尚无人破解;这些反应和茶之各种备受推崇的保健功能之间是否相关,也一无所知。但是毫无疑问,这些令人身心愉悦的效果,恰恰是人们饮茶最重要的追求。经验丰富的茶人像精密的生理检测器,在茶汤饮用时和吞咽后数分钟内精确可靠地评判出乌龙茶感官品质和身体反应的品质。

茶叶作为偶像级的民间保健良品及其令千万人日常饮用备受其益的真切体验,引来了全球范围内对茶叶保健功能的科学研究。这些研究从茶汤中分离出众多化合物,显示其体外到体内的各种生理活性,从抗氧化、抗炎症、免疫调节、保护心血管、保护肝到降血糖、减肥甚至抗癌,不一而足。也有很多研究,武断地将茶汤组分等同于新鲜茶叶组分,同样得出一批批结果,虽然琳琅满目,却难免有偷梁换柱之嫌。因为茶汤组分是茶叶组分历经加工、提取过程中物理化学变化之后的产物,而研究茶汤中不存在的组分,除了解释偶见的把茶叶当菜吃的情况外,用来解释人们熟知的茶汤生理活性只能是隔靴搔痒,更无法说明饮茶后产生的身体反应。

茶汤组分进入血液起作用的过程需要较长时间,因而目前对于茶与健康的大量研究,无法解析饮用茶汤几分钟内就产生的即时身体反应及其所昭示的长期的健康影响。实际上,直接饮用从茶汤中分离纯化的各类生物活性物质的溶液,无论是茶多酚、茶碱还是茶多糖、茶色素,产生的反应与茶汤产生的身心愉悦作用相去甚远,甚至相反。这虽然不是严格的试验得出的科学结论,但却是简单的实践就能体会到的。不论从起效时间而言,还是就身体反应的巨大差异来论,已知茶汤单一活性成分显然不可能解释饮茶后产生的身体反应。有鉴于此,这些组分作为茶汤身体反应的物质基础的合理解释是,它们不是以游离态起作用,而是靠同种或异种分子组装而成的超分子构造来实现。

茶汤是一个多相体系,其中存在着人们久已熟知的胶束相。迄今对茶汤胶束相的大量研究都集中于如何防止产品中胶束(微米/纳米级聚集物)在储藏期间产生沉淀而影响产品的货架期,但是胶束相如何形成、构成如何、有何特征,进而又如何影响茶汤溶液特性和茶汤品质,皆尚乏了解,而对胶束相与身体反应是否相关,更无线索。

如果把泡茶过程作为一个物质的释放、传质和重组过程来考察,简单的泡茶过程实际上是制备精密而稳定的纳米颗粒的最简单的方法。随着水分的浸入与温度的上升,茶叶中遇热不沉淀的分子挣脱了茶叶原生构造中非共价键的束缚,从茶叶的固相进入茶汤的液相。各种分子,只要具有两亲性或极性,一旦进入液相,原理上就不可避免地会自组装成微纳米构造,构成人们所熟知的茶汤胶束相。由于茶叶中的分子都是处于确定的构造中,泡茶过程引起的迁移,必定有严格的规律和顺序,因而自组装形成的微纳米颗粒也应该是精确而可靠的。食品体系在化学上极其复杂,因此研究相对粗浅,而与食品相关的技术过程又非常日常,由此产生的低级感,严重阻碍了人们认识泡茶过程中产生精密而稳定微纳米颗粒的真实性。

在多年研究中草药煎煮过程中物质迁移与自组装的基础上,我们以同样的方法研究泡茶过程,从各种茶汤中,无一例外地制得了微纳米颗粒。这些纳米颗粒的化学组成正是人们熟知的茶叶生物活性分子,还有糖基化蛋白和多糖等生物大分子。微纳米构造的的确确也是活性分子在茶汤中的存在方式,对于某些组分甚至是唯一的分布方式。图 1 是正山小种红茶纳米颗粒的冷冻电镜照片,既有平均粒径为 180nm 的球形纳米颗粒,也有不规则分枝状纳米颗粒(单体平均粒径约 100nm)进一步聚集而成的网状构造。这些自组装纳米颗粒可以采用膜滤、离子交换色谱和凝胶过滤分离制得,具有良好稳定性,对 pH、温度的响应性还具有可逆性,表现出与人工合成纳米颗粒毫不逊色的构造上的确定性和精密性。将

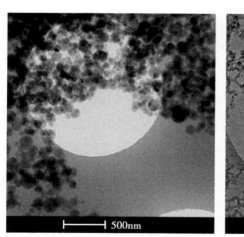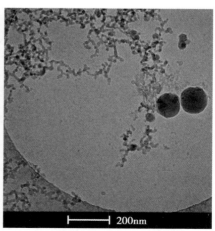

图 1　正山小种茶汤纳米颗粒冷冻电镜照片

左图和右图为不同视野,显示球形和不规则分枝状 2 种形态的纳米颗粒

低级感十足的茶汤体系和一片混沌的中药汤剂与人们趋之若鹜的高精纳米体系相联系,即便原理上没有问题,也需要巨大的想象力和理念的飞跃。我们通过对中草药、茶汤和食物的研究,获得了充足的数据,使我们坚信貌似低级的食品和中药体系中内置着真正最强大最实用的"芯片"。如此性能出色、稳定精确、安全有用的纳米颗粒是破解如食品与天然药物这类复杂体系真正作用机制的一把钥匙,也必将成为超越人工合成纳米颗粒开发纳米药物的一条捷径。

游离单分子与分子复合体的关系,就像一个零部件与零部件组成的机器一样,差异巨大,这在常识上毫无疑问。但是,现有的多数研究还基本上混为一谈,尚未达到常识水平。目前通用的分析方法,都是在破坏了自组装构造的情况下获取的构造的组成分子的信息。依此来评判茶叶品质,无异于以构成零部件来评判一台机器的性能,似有关系,实际上相去甚远。作为组分在茶汤中的存在方式,因而也是茶汤组分与人体真实作用的基本单位,比其构成组分,自组装纳米颗粒的特性完全有可能更准确地反映出茶汤的感官品质与身体反应品质。建立快捷有效的茶汤纳米颗粒的表征手段,有可能开发出更真实评价茶汤品质的新方法,实现茶汤品质的客观化表征,对更好地控制制茶工艺、提高工业化茶产品品质都具有重要意义。

茶汤自组装纳米颗粒为阐述茶保健作用提供了一个新的、更合理的机制。生物活性单分子通过吸收进入血液,像药物分子一样产生作用。由活性分子组装而成的纳米颗粒,在进入胃和小肠,经受比较剧烈的消化和重构作用之后,有可能被拆解为活性分子,再通过单分子途径与人体作用,产生保健效果。在条件温和的口腔、咽喉及食管的环境中,构造完整的茶汤纳米颗粒能和人体直接作用吗?能的话,是怎么作用的呢?茶汤纳米颗粒与人体的直接作用,发生在饮用吞服后、消化吸收前,在时间进程上与感官知觉和身体反应相对应,是否能够成为阐明迄今毫无线索的身体反应的主要机制?

不同的外界物质作用于皮肤,能产生各种从温和到强烈的生理反应。同样,食管黏膜作为身体另一与外来物质即食物相作用的界面,逻辑上必定会与食物直接作用,并产生生理反应。液态食物内大量存在的胶束相也就是纳米颗粒,固态食物在口腔里经过机械加工与液化乳化加工也能产生一系列颗粒,而在食管上与食物接触的黏膜层里则布满见颗粒就吞噬的吞噬类细胞如巨噬细胞、树突状细胞等等。基于最简单的逻辑,数年前我们就提出了二者在食管的黏膜层接触时必然产生直接作用的假说。通过对从骨汤、河蚬汤和多种中药汤剂中分离获得的多种自组装纳米颗粒与大鼠口腔巨噬细胞与肠系膜巨噬细胞的作用的研究,发现巨噬细胞能够迅速吞噬食物纳米颗粒,并使因为应激状态而下降的细胞膜电位回升,胞内自由基水平下降,基本证实了上述假设。将从正山小种茶汤中分离获得的自组装纳米颗粒与大鼠口腔巨噬细胞相作用,我们获得了类似结果。

如图 2 所示,正常巨噬细胞内化茶汤纳米颗粒对细胞状态并未产生可见变化。但在巨噬细胞体系里加入偶氮二异丁脒盐酸盐(AAPH),氧化应激使得红色荧光和绿色荧光都消失,说明线粒体因氧化应激而氧呼吸代谢受损,同时细胞膜电位发生超极化。随着茶汤纳米颗粒浓度的提高,红色和绿色荧光均随之增强,表明茶汤纳米颗粒帮助细胞清除胞内活性氧自由基,减轻氧化应激,恢复了线粒体呼吸代谢,重置了细胞膜电位。上述结果明确表明,茶汤纳米颗粒能够与口腔巨噬细胞作用,直接提高巨噬细胞对氧化应激的耐受能力。茶汤纳米颗粒当然有可能与黏膜层上接触到的其他细胞如上皮细胞等作用,但是那些作用无论在反应强度还是在效应传

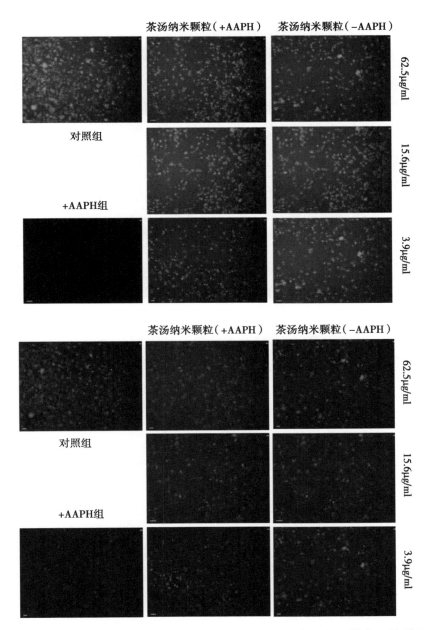

图 2　茶汤纳米颗粒对口腔巨噬细胞膜电位和线粒体内自由基水平的作用

绿色荧光发自指征细胞膜电位的 DiBAC$_4$（3）探针

红色荧光来自指征线粒体超氧阴离子自由基的 MitoSOX Red 探针

递方面,都难以与免疫细胞相比较。茶汤纳米颗粒与免疫细胞的作用,最有可能是导致茶汤身体反应的效应作用。在体内,口腔、咽喉与食管黏膜上的巨噬细胞在什么情况下会处于氧化应激状态,现在没有任何线索,但是可以合理地猜想,来自免疫体系传递而来的氧化应激,或者与接触的物质直接的作用,都有可能使黏膜上的免疫细胞进入氧化应激状态。处于氧化应激状态的黏膜免疫细胞产生的身体反应一定不是舒适和愉悦的,比如口腔干渴、咽喉紧涩甚至炎症。茶汤纳米颗粒迅速消除口腔巨噬细胞的胞内自由基,恢复膜电位,就有可能产生生津止渴、咽喉甘滑的身体反应。

从观察到茶汤纳米颗粒与免疫细胞的反应及其改变细胞状态的作用,到阐明这些作用如何产生身体反应、其效应如何传递到免疫体系和全身,以及这种即时作用有怎样的长期效应,还有大量艰苦的工作要做。但是,茶汤纳米颗粒与免疫细胞的直接作用的确认,已经为我们继续前进带来了令人鼓舞的曙光,而茶人斩钉截铁可以准确表述的身体反应但在科学上无言以对的黑暗时代一定会结束。

武夷肉桂茶功效浅探

卫　明　陈泽楠　周　玄

一、武夷肉桂茶概述

武夷肉桂茶又名玉桂茶,原为武夷名丛之一,无性系、灌木型、小叶类、中晚生种。上等成品茶条索紧实,色泽乌润砂绿,香气浓郁辛锐似桂皮香,滋味醇厚甘爽带刺激性,汤色橙黄至金黄透亮。清代蒋衡的《茶歌》有云:"奇种天然真味存……桂微辛……""辛"者,即强烈刺激之意。由于它的香气滋味好似桂皮,习惯上称之为"肉桂茶"。需要特别强调的是,本文中所提"武夷肉桂茶"或"肉桂茶"均是武夷岩茶的当家品种肉桂,而不是中药中的肉桂,二者在植物学的分类中是不同的,不能混淆。前者属于山茶科,后者属于樟科。

肉桂茶树生长于岩谷峻崖和幽涧流泉之间,太阳直接照射少,多漫射光,构成温度、湿度、风速、光照等相互协调的自然环境,与系统发育中的生态环境极为相似,有利于茶树生育和茶叶中呈味和芳香物质的形成。正是由于环境的不同,所以武夷肉桂具有其独特的品质[1]。上等肉桂茶必是因其山场较好,且在其环境内有独特的小气候而长成。又因为肉桂茶生性喜阳,在茶园内种植一般取向阳面。位于阳面种植的肉桂的辛锐气息较位于阴面的肉桂要强烈。武夷肉桂茶的制作工艺有采摘、萎凋、做青、杀青、揉捻、烘干、复火。李时珍《本草纲目》指出:"茶苦而寒,阴中之阴,沉也降也,最能降火。"根据历史沿革,笔者认为其所指的应当是以绿茶、白茶为主。而武夷肉桂茶经过了岩茶加工工艺的制作后,其性味及功效已然发生改变。武夷肉桂茶外形条索匀整卷曲；色泽褐绿，油润有光，干茶嗅之有甜香；香气浓郁持久，以辛锐见长，滋味醇厚鲜爽、强烈，回甘快且持久，汤色金黄清澈，叶底黄亮柔软，红边明显[2]。陈德华认为，按照武夷岩茶的标准来说，肉桂的基本香型应当以桂皮香为主，其滋味多辛辣、辛锐。姚月明等特别对肉桂的生化成分进行分析，测定如下：茶多酚 23.22%，儿茶素总量 124.22mg/g，氨基酸 1.68%，咖啡碱 4.65%，可溶糖 3.38%，水溶果胶 3.71%[3]。

二、武夷肉桂茶功效的理论构建

《素问·阴阳应象大论》云："阴味出下窍，阳气出上窍。味厚者为阴，薄为阴之阳；气厚者为阳，薄为阳之阴。"即主降者为阴，主升者为阳。王冰对此注曰："味有质，故下流于便泻之窍；气有形，故上出于呼吸之门。""辛"既有鼻闻之无形之气，因而可以升散出于阳窍而属阳；又有口尝之有形之味，因而可以沉降出于阴窍而属阴。因此，辛味可以行散于里于下，又可以升散于表于上。以此为据，药物之"辛"包括口尝之滋味及鼻闻之气味。

古人从"辛"推演出"辛"味中药具有的特质，要么口尝有麻辣之味，如生姜、附子、细辛、吴茱萸等，可以鼓舞阳气，伸达四肢九窍，因而能行、能散、能润；要么鼻闻有明显气味，如薄荷、荆芥、当归、川芎、陈皮、青皮、枳实、沉香等，可以宣通气机，透发邪气，疏通郁结。有明显气味者，皆属阳，在"辛"味中药中应属阳中之阳，功效应为升散于表于上，治疗在表在上之疾；有麻辣之滋味者，在"辛"味中药中应属阳中之阴，功效应为行散于里于下，治疗在里在下之气滞、血瘀[4]。根据天然药物化学，将常见的、化学成分较为明确的 64 种辛味中药分为 5 类：含糖类和苷的药物有 17 种；含苯丙素类化合物的药物有 9 种；含黄酮类化合物的药物有 20 种；含生物碱的药物有 22 种；含萜类化合物和挥发油的药物有 49 种[5]。由上可知，辛味药中萜类化合物和挥发油成分明显比其他化学成分多,而且两者的关联最大,所以辛味可能由萜类化合物和挥发油中的某种特殊化学成分决定。

刘时觉等认为,辛味独阳,酸苦甘咸具阴,以一味与四味相对抗,故辛味的功效作用特别广泛。教科书上公认"辛"的功效为能行、能散、能润,均属阳的功效。"能行"即能行气行血;"能散"即能行散在表或在里郁结之邪,与行气、行血并无本质区别;"能润"只是"辛"能行能散的一种结果,其功效的本质是一致的。一般来讲,标以辛味的药多为解表药、行气药、活血药、化湿药、温里药等,其中解表药、行气药、活血药中的许多药物有明显辛味,与其中大多数药物含有辛香气味有关,而温里药、化湿药和某些补阳药标以辛者,则与其口尝有麻辣味有关[4]。

武夷肉桂茶,冲泡后茶香四溢,辛香之气冲入鼻腔,入口即感觉特征明显,辛辣味十足,且体内似有一股暖流直上颠顶百会穴,顿时有汗出之感。从武夷肉桂茶制作工艺中的烘焙及组分分析中可以看出,其性质当属温性,芳香物质及挥发油含量较一般茶树为高。所以,我们说武夷肉桂茶属"味辛、苦、甘,性温,归肺、心、肾、胃、膀胱经"。

三、武夷肉桂茶的临床应用

1. 发汗解表　肉桂茶味辛性温,入足太阳膀胱经,可以祛寒发汗解表,用于治疗外感风寒等证,临床常收一服见功之效。武夷山百姓亦常将其作为发汗退热药。

2. 温通肾阳

(1)温阳化气行水:温肾助阳,祛寒邪以助膀胱气化,导水湿痰饮之邪外出。《黄帝内经》云:"膀胱者,州都之官,津液藏焉,气化则能出矣。"然膀胱的气化功能全赖肾阳之蒸腾气化,故肉桂茶可通阳化气以利水,用于治疗膀胱气化失常、小便不利之各类水湿停滞之证,如前列腺肥大所致的夜尿增多、排尿不畅、小便淋沥、排尿无力、尿线细等。

（2）引火归原:可温补肾阳,引火归原,益阳消阴,疗下元之虚冷。适用于肾阳不足,命门火衰引起的畏寒肢冷、腰膝酸软,亦可用于女性肾阳不足、胞宫虚寒所致的月经失调、痛经、少腹冷痛等。

3. 温经散寒,活血止痛

（1）温经通络:温经通络,散寒止痛,痹证可祛。肉桂茶味辛苦,性温。气香温通,既能助阳以温煦气血,又能入血散血分之寒而温经通脉。临床上常用于治疗以肌肉、筋骨、关节发生酸痛、麻木、重着、屈伸不利等为主要特征的"痛痹"及阴疽等。（可以采取内服及茶汤外洗患处的方法进行治疗）

（2）温通心阳:肉桂茶辛散温通,具有温通经脉、散寒止痛之功效,能振奋心阳,温经通脉。临床常用于治疗心阳不振所致之各种心系病证。

4. 温养脾胃 武夷肉桂茶辛温,功能散阴寒、温脾胃;对于饮食失常,劳倦过度,忧思伤脾或久病而致的脾胃虚寒证有较好效果。

5. 提神醒脑 武夷肉桂茶味辛苦甘,性温,芳香走窜,入心经而开窍醒神,可上行颠顶,提神醒脑除烦。临床常用于精神萎靡、困倦懒言等病证。

四、结语

随着茶疗理念逐步深入民心,对茶叶药性的探索将会越来越受关注。传统中药理论的形成是医疗实践、传统文化思维与哲学思维等多种因素共同作用的结果,笔者试从个人临床体会及传统中药理论的形成模式入手,对武夷肉桂茶功效浅探如上,希望引起有识之士的关注。不当之处,敬请指正。

参考文献

［1］陈德华,陈桦,戈佩真,等.武夷肉桂茶优良品质成因及生产技术探讨［J］.科学园地,2007（4）:44-46.

［2］郭雅玲.武夷岩茶品质的感官审评［J］.福建茶叶,2011,33（1）:45-47.

［3］姚月明,陈永霖.武夷肉桂名丛的生化特性［J］.茶叶科学,1989,9（2）:151-154.

［4］贾德贤,王谦,鲁兆麟.思考"辛味"［J］.北京中医药大学学报,2008,31（2）:88-90.

［5］周复辉,易增兴,罗亨凡.辛味中药化学成分的分析［J］.安徽农业科学,2006,34（12）:2760,2782.

漫谈武夷岩茶与健康

叶启桐

　　茶最早是作为药用的。千百年来，人们不仅用茶治疗各种常见病，还用茶治疗各种顽疾，所以说茶与人类的身体和健康有着密切的关系。唐代刘贞亮把饮茶的好处概括为"十德"："以茶散郁气，以茶驱睡气，以茶养生气，以茶除病气，以茶利礼仁，以茶表敬意，以茶尝滋味，以茶养身体，以茶可行道，以茶可雅志。"揭示了饮茶与健康、修身的关系。这些说法，在今天也为现代科学证明是基本正确的。

一、武夷岩茶的保健功能

　　关于武夷岩茶具有药用价值的记载很多。广为流传的关于"大红袍"的由来的传说就是因为它具有神奇的药效，最终才获得红袍披身的殊荣。据说在武夷岩茶的鼎盛时期，其身价贵比黄金，有人求之不得，甚至用包茶的纸来入药。《本草纲目拾遗》载武夷茶"色墨而味酸，最消食下气，醒脾解酒"。《救生苦海》说："乌梅肉、武夷茶、干姜为丸服之，治休息痢。"其实，由于茶叶品种不同、炒制技术不同，因而产生特殊的化学成分并适于治疗某种疾病，这是完全可能的。

　　究竟喝茶有什么好处？首先我们要了解一下茶叶的成分。茶树的鲜叶中含有75%~78%的水分，22%~25%的干物质。干物质中包含成百上千种化合物，大致可分为蛋白质、茶多酚、生物碱、氨基酸、糖类、矿物质、维生素、色素、脂肪和芳香物质等。其中，对健康功能最重要、含量也很高的成分是茶多酚。与其他植物相比，茶树中含量较高的成分有咖啡碱,矿物质中的钾、氟、铝等,以及维生素中的维生素 C、维生素 E。茶叶中的氨基酸还包含一种在其他生物中所没有的氨基酸——茶氨酸。正是这些成分形成了茶叶的色、香、味,并使茶叶具有了营养和保健功能。武夷岩茶"臻山川精英秀气所钟",含有人体必需的多种维生素、矿物质、氨基酸及少量的蛋白质和脂肪。此外,武夷岩茶还含有多种化学元素和咖啡碱、茶多酚等,具有醒心、明目、健神、消愁、止渴、杀菌、去垢、利尿、消化、止痢、解暑、醒酒、降压、减肥、抗辐射、防癌、延缓衰老等功能。

1. 有助于降脂减肥 《神农本草经》一书在两千多年前已提及茶的减肥作用:"久服安心益气……轻身耐老。"唐代陈藏器在《本草拾遗》中也提到"久食令人瘦,去人脂"。现代科学的进步,为我们揭示了茶可以降脂减肥的原因。饮茶能降低血液中的血脂及胆固醇,令身体变得轻盈。这是茶里的酚类衍生物、芳香类物质、氨基酸类物质、嘌呤碱类物质、维生素类物质综合协调的结果,特别是茶多酚与维生素 C 的综合作用,能够促进脂肪氧化,帮助消化、降脂减肥。

2. 有助于防癌 时下的健康观念是预防重于治疗。茶叶中的茶多酚、咖啡碱所产生的综合作用,除了起到提神、养神的作用之外,还能提高人体免疫力。茶多酚可以阻断亚硝酸等多种致癌物质在体内合成,并具有直接杀伤癌细胞和提高机体免疫功能的功效。有关资料显示,茶叶中的茶多酚(主要是儿茶素类化合物),对胃癌、肠癌等多种癌症的预防和辅助治疗,均有裨益。茶叶不仅对消化系统有抑制癌症的功效,而且对皮肤癌、肺癌、肝癌等也有一定的抑制作用。

3. 有助于预防和治疗辐射伤害 茶多酚及其氧化产物具有吸收放射性物质 ^{90}锶和 ^{60}钴毒害的能力。有关临床试验证实,对肿瘤患者在放射治疗过程中引起的轻度放射病,用茶叶提取物进行治疗,有效率可达 90% 以上;对血细胞减少症,茶叶提取物治疗的有效率达 81.7%；对因放射辐射而引起的白细胞减少症治疗效果更好。

4. 有助于抑制心血管疾病 茶多酚对人体脂肪代谢有着重要作用。人体内胆固醇、甘油三酯等含量高，血管内壁脂肪沉积，血管平滑肌细胞增生后形成动脉粥样硬化斑块。茶多酚，尤其是茶多酚中的儿茶素（ECG 和 EGC）及其氧化产物茶黄素等，有助于使这种斑状增生受到抑制，使形成血凝黏度增强的纤维蛋白原降低，凝血变清，从而抑制动脉粥样硬化。

5. 有助于美容护肤 茶多酚是水溶性物质，用它洗脸能清除面部的油腻，收敛毛孔，具有消毒、灭菌、抗皮肤老化，减少日光中紫外线辐射对皮肤的损伤等功效。

6. 有助于降脂助消化 唐代《本草拾遗》针对茶的功效有"久食令人瘦"的记载。我国边疆少数民族有"不可一日无茶"之说。因为茶叶有助消化和降低脂肪的重要功效，用当今时尚语言说，就是有助于"减肥"。这是由于茶叶中的咖啡碱能提高胃液的分泌量，可以帮助消化，增强分解脂肪的能力。所谓"久食令人瘦"的道理就在这里。

7. 有助于护齿明目 茶叶中含氟量较高，每 100g 干茶中含氟量为 10~15mg，且 80% 为水溶性成分。若每人每天饮茶叶 10g，则可吸收水溶性氟 1~1.5mg，而且茶叶是碱性饮料，可抑制人体钙质的减少，这对预防龋齿、护齿、坚齿都是有益的。有关资料显示，在小学生中进行"饭后茶疗漱口"试验，龋齿率可降低 80%。另据有关医疗单位调查，在白内障患者中有饮茶习惯的占 28.6%；无饮茶习惯的则占 71.4%。这是因为，茶叶中的维生素 C 等成分能降低晶状体混浊度，故经常饮茶，对减少眼疾、护眼明目均有积极的作用。

二、武夷岩茶与精神健康

如今，我们正处在一个飞速发展的时代，社会的急剧变动与转型,极大地加重了人们的精神负担和思想压力。人们奔波不息,备感疲乏,精神疾患和各种心理障碍的高发,已经成为现代社会的一大顽疾,引起了极大的关注和担忧。

人们发现,饮茶、品茶能以一种慢节奏的方式舒缓神经,并能以一种随时随地都可行的方式引导我们修身养性。天人合一,是中国人的专利。喝茶,可以把物质喝出精神,也可以把生命品入自然。品茶,能让人达到内在的平和状态,闲适的生命状态。

武夷山历来人口不多,山中所居多为僧人与道士。因茶叶性杂,能醒脑提神,适合僧尼坐禅时消除疲劳,激励精神,阻止瞌睡,从而达到止息杂虑、安静沉思、"静心""自悟"之目的。茶香,能给人的心灵注入一种真正的艺术气质。在历史上,东晋时的僧侣饮茶,是为了使精神复苏,有助于坐禅修定,专心思维。唐代的僧人,同来访者一起吃茶,在品味和鉴赏中产生静谧的气氛,令人冥想。陆羽《茶经》记载的剪茶法,就得之于与和尚的交游。饮茶既能给身体补充水分,更能使心灵达到圆融之境。

习禅修道者不可不辨"清"与"浊"。禅家多吃茶,正在于水乃天下至清之物,茶又为水中至清之味。文人追求清雅的人品与情趣,便不可不吃茶,而欲入禅体道,便更不可不吃茶。

所以佛道历来都倡导饮茶,而武夷山中的茶树和茶园也多为寺院与道观的私产。最早的好茶多出于僧道之手,如元代的高兴在武夷山的道观里品尝过武夷茶之后,大有相见恨晚之感,便"羡芹思献,始谋冲佑观道人采制作贡",之后才有了御茶园的设立。

茶质鉴评方面,在那段关于袁枚品饮武夷岩茶的记载中,让他品到真正的岩茶、感叹岩茶远过于其他茶("颇有玉与水晶,品格不同之故。故武夷享天下盛名,真乃不忝")的人,也是当时的"僧众道人"。

清代梁章钜(1775—1849)在《归田琐记》中的一段记载可

为其作注解："余尝再游武夷,信宿天游观中,每与静参羽士夜谈茶事。静参谓茶名有四等,茶品亦有四等。……至茶品之四等,一曰香,花香、小种之类皆有之。今之品茶者,以此为无上妙谛矣。不知等而上之,则曰清,香而不清,犹凡品也。再等而上之,则曰甘,清而不甘,则苦茗也。再等而上之,则曰活,甘而不活,亦不过好茶而已。活之一字,须从舌本辨之,微乎微矣!然亦必瀹以山中之水,方能悟此消息。"这位静参羽士的确是参透了武夷岩茶的精髓。他归纳的"香"—"清"—"甘"—"活"这四个层次,由低到高,自外而内,道出了武夷岩茶品质的四个不同境界。而"活"的境界,不仅要靠舌头,更是要靠心灵的感悟才能达到。所以,梁章钜接下来这样写:"此等语,余屡为人述之,则皆闻所未闻者,且恐陆鸿渐《茶经》未曾梦及此矣。"认为连茶圣陆羽都未必有如此高明的见解。现在我们对这四个层次的理解是:"香"指香幽而清无异味;"清"指滋味醇厚无苦涩;"甘"指舌本回甘;"活"指鲜爽润滑。

如此对茶的深刻理解和充满智慧的表达,数百年来仍然为大家所津津乐道。不说绝后,至少也是空前,因为梁章钜说这样的妙论可是连茶圣陆羽也说不出来的。

"天下名山古刹多,自古高僧爱斗茶。"礼佛茶道讲究宁静清逸,体现其清、幽、神、奇和廉、美、和、敬的内涵和美感,不仅仅是感观上的享受,也是精神上的享受。

近年来,武夷山茶叶界在借鉴和总结前人实践的基础上,整理出了一套完整的集品茶、观景、赏艺为一体的武夷茶艺。

其实,普通人也好,僧人道士也罢,他们都在品茶之中寻找一样相同的东西,那就是"和谐"。和谐是世间万物追求的极致。得到和谐,就能得到宁静。

多年以前,我参加了在武夷山幔亭举行的"无我茶会"。当时的《国际无我茶会碑祀》云:"无我茶会的精神,座位由抽签决定,无尊卑之分；奉茶到左，饮茶自右，无报偿之心；超然接纳四方之茶，无好恶之心；尽力将茶泡好，以求精进之心。"为此，"无我茗饮"就是每人自我泡茶四杯，三杯奉给左边三位茶侣，一杯留给自己，人人泡茶，人人奉茶，不分彼此，天下一家。

茶道的根本精神就在"和敬清寂"这四个字。"和"就是平和、人和，地球上所有生命都以"和"为最高理想，它是永久不变的任何时代都不会灭亡的真理。"敬"就是尊敬长辈，敬爱朋友和晚辈。"清"是指洁净、幽静，心平气静的境界。"寂"是茶道美学的最高境界，即闲寂、幽雅，"知己去欲，凝神沉思"之后达到的心满意足的幽闲境界。我们鉴赏岩韵，希望达到的，也就是这样的境界。

别具风格的武夷茶艺，不仅成为人们日常生活的一部分，更成为人们精神生活的一部分。领略武夷岩茶高雅的"岩韵"，带给人的是更高层次的精神享受。我们现代人其实缺少的不仅仅是物质意义上的"药"，也有精神意义上的"药"。今天我们来谈武夷岩茶与健康的关系，这后一种意义上的价值也是同样珍贵的。

武夷岩茶的发展历程
及其优质成因

陈荣冰

一、武夷山产茶历史悠久，文化底蕴深厚

据《从"濮闽"向周武王贡茶谈起》一文，商周时，武夷茶就随其"闽濮族"的郡长，进献给周武王。吴觉农在《四川茶叶史话·前言》中援引《华阳国志》所载向武王献茶的八个南方国中的"濮"与《八闽通志》上的"濮"，正是武夷山船棺葬之族属"闽濮族"，从而证实商周时建茶已和蜀茶一道作为贡茶而问世了。（巩志等《建茶史微》）

北宋文学家苏轼撰写的《叶嘉传》，以拟人手法歌颂武夷茶，并描写了汉武帝纳贡和品饮武夷茶的情景。说明西汉时，武夷茶已初具盛名。福建省博物馆原馆长陈龙的《闽茶说》认为，从武夷山城村汉城遗址出土的大量茶具，再次证实了汉代武夷山先民已有饮茶习俗。

纵观《茶经》及其以后的茶学典籍，武夷茶最早见诸文字记载，是在唐元和年间（806—820）。才子孙樵《送茶与焦刑部书》云："晚甘侯十五人，遣侍斋阁。此徒皆乘雷而摘，拜水而和。盖建阳丹山碧水之乡，月涧云龛之品，慎勿贱用之！"自此，"晚甘侯"成为武夷茶别称，成名于世。我国著名茶学家陈椽通过考证发现："晚甘侯"最早出现于南齐（479—502）尚书右仆射王奂之子王肃死后，同人送

给他的谥号,以表其节。王肃嗜茶,故同人送给的谥号为"晚甘侯",据此推断武夷茶约在南北朝齐时已初具规模。这与茶史专家郭孟良关于"魏晋南北朝时期我国茶叶生产已遍及东南各地,茶产区域已初具规模"的观点相一致。

武夷茶崭露头角首度名冠天下于北宋(960—1127)。范仲淹《和章岷从事斗茶歌》云:"年年春自东南来,建溪先暖冰微开。溪边奇茗冠天下,武夷仙人从古栽。"他把武夷茶比作仙茶,评为天下第一。又云:"斗茶味兮轻醍醐,斗茶香兮薄兰芷。"他夸赞武夷茶的滋味,胜过甘美无比的醍醐;武夷茶的香气胜过清幽高雅的兰芷。难怪苏东坡的诗句也说:"两腋清风起,我欲上蓬莱。"喝了武夷茶,简直是飘飘欲仙了。苏轼的《咏茶》也印证了这点:"君不见,武夷溪边粟粒芽,前丁后蔡相宠加。争新买宠各出意,今年斗品充官茶。"由于武夷茶香气与滋味好,被时任北宋福建转运使蔡襄(1012—1067)看中,入选为贡茶。这个时期为武夷茶崛起期。

武夷茶再度名冠天下于元朝。元大德六年(1302),在武夷四曲处设置了御茶园,专制龙团贡茶。清代周亮工《闽小记》记载:"至元设场于武夷,遂与北苑并称。"此时,武夷茶入贡数量仅次于北苑茶。这个时期也为武夷茶崛起期。

随着明代开国皇帝朱元璋"罢造龙团,改制散茶"诏令的逐步实施,武夷茶逐渐由蒸青团饼茶改为晒青、蒸青散茶制法,后又改为炒青绿茶,从而促进了武夷茶的发展。明代徐㶭著于1608—1613年间的《武夷茶考》云:"环九曲之内,不下数百家,皆以种茶为业,岁所产数十万斤。水浮陆转,鬻之四方,而武夷之名,甲于海内矣。"武夷茶从此步入欧洲等世界市场(黄贤庚《武夷茶说》)。《中国茶经》记载,1610年荷兰东印度公司首先将武夷茶叶运往欧洲的荷兰等地,这时是明朝末期。茶叶的饮用很快在欧洲、进一步在世界范围风靡起来。萧一山《清代通史》(1986年出版)记载:"明末崇祯十三年（1640），红茶（工夫茶、武夷茶、小种茶等）始由荷兰转至英伦。"这是最早进入英国的红茶。

三度名冠天下于清朝，这个时期为武夷茶的大繁荣期。明末清初，在武夷山桐木村创制出红茶。由于出于桐木高山云雾之中，且采取松烟熏制，所以武夷"小种"红茶味香水浓，还具有桂圆汤味，深得欧美人士青睐好评，风行欧美。武夷山的桐木村成了中国红茶的发源地，成为世界红茶的始祖。

关于乌龙茶的起源，清代王草堂在其《茶说》中作了详细记载："武夷茶采后，以竹筐（当为筛）匀铺，架于风日中，名曰晒青，俟其青色渐收，然后再加炒焙……茶采而摊，摊而摝（摇之意），香气越发即炒，过时不及皆不可。既炒既焙，复拣去其中老叶、枝蒂，使之一色。"此文被当时（1717—1720）崇安县（1989年改名武夷山市，下同）县令陆廷灿编入其《续茶经》。本文描述的武夷茶加工方法与现代武夷岩茶的加工工艺基本一致。充分说明，经历代发展沿革，到清代初年出现了岩茶制作的完善技艺，首开乌龙茶制作的先河。

清代乾隆皇帝也写了6首歌咏武夷茶的诗。一天夜阑更深，清皇帝乾隆，读书掩卷，心倦体乏，喝完武夷岩茶之后，文思泉涌，诗性大发，挥笔写下了一首吟诵武夷岩茶的千古绝唱——《冬夜烹茶诗》。

"……

更深何物可浇书，不用香醅用苦茗。

建城杂进土贡茶，一一有味须自领。

就中武夷品最佳，气味清和兼骨鲠。

……"

清代袁枚（1716—1798）尝遍南北名茶。他有一段记述："余向不喜武夷茶，嫌其浓苦如饮药。然，丙午秋，余游武夷到幔亭峰、天游寺诸处，僧道争以茶献。杯小如胡桃，壶小如香橼，每斟无一两……再试其味,徐徐咀嚼而体贴之,果然清芬扑鼻,舌有余甘。一杯之后,再试一二杯,令人释躁平矜、怡情悦性,始觉龙井虽清而味薄矣,阳羡虽佳而韵逊矣。颇有玉与水晶,品格不同之故。"

民国前期,武夷茶乃处于发展和畅销阶段。尔后由于世界大战和日本入侵,战事频仍,政局不稳,销路不畅,严重影响了武夷茶的生产、销售。民国三十七年(1948)仅 130 000 斤(其中,正山小种红茶才 3 000 斤。1 斤 =500g),茶厂近半倒闭或合并,武夷茶处于谷底状态。

1938 年,福安的福建省福安茶叶改良场迁移到武夷山,名为福建省农业改进处崇安茶业改良场。1940 年,由中国茶叶公司和福建省合资兴办福建示范茶厂,原崇安茶业改良场并入示范茶厂,下设福安、福鼎分厂和武夷、星村、政和制茶所。由张天福任厂长,庄晚芳任副厂长,林馥泉任武夷所主任,吴心友任星村所主任,陈椽任政和所主任,李联标任总技师。从此武夷山成了福建的茶业生产、研究基地和大本营。建立品种园,进行茶叶品种比较、扦插等实验;进行闽茶分级、武夷岩茶含氟量(与协和大学合作)分析;试制成功"九一八"揉茶机;特别是林馥泉此间所撰《武夷茶叶之生产制造及运销》一书,对武夷茶进行了全面调查记录。1942 年,选址于崇安县的研究基地,名为"中央财政部贸易委员会茶叶研究所",福建示范茶厂并入研究所。吴觉农任所长,蒋芸生任副所长。随后进行了茶叶更新,开展了茶苗栽培实验、制茶方法改进、土壤和茶叶内含物化验、编印刊物、推广新技术等等,取得了丰硕的成果,为全国茶业的发展作出了贡献。抗战胜利后,1946 年 7 月研究所撤销,由农林部中央农业实验所茶叶试验场接管,又聘张天福为场长。试验场随后几经变更,现为武夷山市茶场。当代中国十大著名茶叶专家就有七人在武夷山从事过茶叶工作:吴觉农、蒋芸生、庄晚芳、王泽农、李联标、陈椽、张天福。同时,还有一大批知名茶叶专家也在此孜孜奉献。

当代武夷茶业全面复兴。1949 年以后，武夷岩茶开始复兴，大致可以分成三个发展时期：统购统销时期（1949—1984）、商品化时期（1985—2005）、品牌化时期（2006 年至今）。

二、武夷岩茶产业再创辉煌

近年来，武夷山市委、市政府高度重视茶产业。武夷山茶产业正在按照"稳控面积、提升质量、延伸产业链、增加附加值"思路转型升级。茶产业的社会经济效益显著提升。武夷山现有茶园面积 14.8 万亩。全市精制茶叶产量约 7 800 吨。

1. 广泛宣传推介武夷山双世界遗产的重要组成部分——武夷山深厚的茶文化内涵 努力打造"武夷山大红袍"品牌，推动了茶产业的快速发展。先后出版了《武夷茶经》《名山灵芽——武夷岩茶》《世界红茶的始祖——武夷正山小种红茶》《话说武夷茶》《岩韵》等介绍武夷茶的书籍。

2. 积极推动茶叶加工的现代化进程 政府对茶企进行茶机补贴，提升茶叶加工清洁化、机械化与智能自动化生产水平。

3. 努力提升茶叶食品安全 加强茶叶质量可追溯体系的建设。目前已在 30 多家茶企中进行茶叶可追溯体系的试点，让消费者买得放心。

三、武夷岩茶的品质特征

武夷岩茶品质优异，早在 1959 年即被评为中国十大名茶之一。其主要品质特征：外形紧结壮（重）实、乌润；香气浓烈甘爽；汤色清澈亮丽、呈深橙黄色或金黄色；滋味浓厚醇爽、具有独特的岩韵；叶底匀亮、红边鲜艳明显。对于武夷岩茶独特的岩韵，众说纷纭。《辞海》解释，韵是和谐的声音。韵还有多种含义，比如，气质、风度、韵味等等。北宋诗人范温认为"有余意谓之韵"。清代梁章钜在其《归田琐记》中所归纳的武夷岩茶的"香、清、甘、活",笔者认为是对"岩韵"最贴切的概括。还有唐代徐夤对武夷茶的评述:"臻山川精英秀气所钟,品具岩骨花香之胜。"业界很多人认为"岩骨花香"是优质武夷岩茶的品质特征,也是对岩韵的诠释。综合前人所述,所谓岩韵,指品质优异的岩茶,香气馥郁或清幽,汤色清澈明亮,滋味醇厚,鲜爽回甘,品饮后,齿颊留香,余韵犹存,令人愉悦。

四、为什么武夷岩茶的品质特别优异

一是得天独厚的生态环境;二是丰富多彩的茶树品种;三是精湛绝伦的加工工艺。

1. 武夷山生态条件得天独厚　武夷山全年气候温和,雨量充沛,云雾弥漫,日照时间短,多漫射光,日夜温差大,有利于茶树进行氮代谢,使茶树新梢中含氮的氨基酸和芳香物质的含量增加,这就为茶叶滋味的鲜爽甘醇提供了物质基础。而茶树新梢中茶多酚和儿茶素的含量减少,从而使茶叶的苦涩味减轻。茂林修竹常年的枯枝落叶,使土壤质地疏松、结构良好,富含有机质。这些为茶树生长提供了适度的光照和良好的生态条件,而处于岩坑峡谷的"正岩"茶区微域气候更为优越。据福建省农业科学院茶叶研究所等的调研,凡是"正岩"茶园土壤,含砂砾量高达24%~29%,土壤中磷、钾、铜、铁、锰、镁、钙、锌等元素含量较高,产出的岩茶岩韵明显。"正岩"茶园土壤的磷、钾含量高而氮的含量低,生产出的茶叶,具备甘、醇、香、甜的品质特征。"洲茶"茶园含氮高而磷、钾含量低,"半岩"茶园位于二者之间。

2. 茶树品种资源丰富多彩　武夷山产茶历史悠久,经过长期的自然杂交,孕育形成了丰富多彩的茶树种质资源(图3)。据史料记载,武夷岩茶的名丛数以千计。

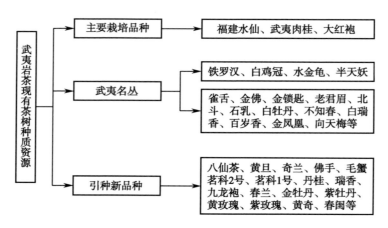

图3　武夷岩茶现有茶树种质资源

（1）肉桂：原为武夷名丛之一。灌木型，中叶类，晚生种。原产武夷山马枕峰（另说慧苑坑），1985年认定为省级品种。植株尚高大，树姿半开张，分枝较密。叶片呈长椭圆形，叶色深绿，叶身内折，叶尖钝尖，叶齿较钝浅稀，叶质较厚软。高产乌龙茶150kg以上。适制乌龙茶，品质优异，具有桂皮香或花果香，味醇厚。抗旱、抗寒性强。

（2）福建水仙：小乔木型，大叶类，晚生种。原产于建阳市小湖乡大湖村。1985年认定为国家品种。植株高大，树姿半开张，叶片椭圆形，叶质厚。芽叶淡绿色，较肥壮，茸毛较多，产量较高，适制乌龙茶、红茶、绿茶、白茶，品质优。制作乌龙茶，条索肥壮，香高长似兰花香，味醇厚，回味甘爽；制作红茶、绿茶，条索肥壮，白毫显，香高，味浓；制作白茶，芽壮毫多色白，香清味醇。抗寒、抗旱能力较强，适应性较强。

（3）大红袍：来源于武夷山风景区天心岩九龙窠岩壁上的母树，相传清代中期已有大红袍名。2012年审定为省级品种。无性系，灌木型，中叶类，晚生种。适制闽北乌龙茶，品质特优，条索紧实，色泽绿褐润，香气馥郁芬芳似桂花香，滋味醇厚回甘，"岩韵"显，是武夷岩茶之珍品。抗旱、抗寒性较强。经福建农林大学詹梓金等通过分子生物学鉴定,九龙窠岩壁上母树的 2、6 号株与福建省农业科学院茶叶研究所品种园大红袍(正)、武夷山奇丹种源相同;1、5 号株种源相同,3、4 号株各不相同。2012 年审定时将 2 号株(奇丹为同种异名)作为省级品种大红袍的代表品种。

福建省农业科学院茶叶研究所选育的高香优质乌龙茶品种在武夷山推广种植的有 10 个左右。

(4)黄观音(105):系福建省农业科学院茶叶研究所从铁观音与黄旦人工杂交后代中选育而成的无性系茶树新品种。于 1998 年通过省优良品种审定,2002 年通过国家级品种审定。小乔木型,中叶类,早芽种,叶色黄绿。制成乌龙茶品质优异,制优率高。香气馥郁芬芳,滋味醇厚甘爽。亦适制红、绿茶,香高味厚,品质优异。抗寒、抗旱性较强,适应性广。

(5)茗科 1 号(204):系福建省农业科学院茶叶研究所从铁观音与黄旦人工杂交 F1 代中单株选育而成的无性系茶树新品种。2000 年通过省优良品种审定,2002 年通过国家级品种审定。小乔木型,中叶类,早生种。芽头密,芽叶色泽紫红,茸毛少,品质优异,外形条索紧结重实,香气馥郁鲜爽,滋味醇厚回甘。已获“中茶杯”特等奖等多项奖项。抗寒、抗旱性强,适应性广,产量高。

(6)丹桂(304):系福建省农业科学院茶叶研究所从武夷肉桂的自然杂交后代中经系统选育而成的无性系茶树新品种。于 1998 年通过省优良品种审定,2010 年通过国家级良种鉴定。灌木型,中叶类,早生种。分枝多,芽头密,乌龙茶春茶采摘期与黄旦相近,比肉桂早 10 天左右。制乌龙茶品质优异,有特殊花香,滋味醇厚甘韵。已获省名茶奖、“中茶杯”一等奖、国际金奖等多项奖项。制红茶、绿茶品质亦优,花果香显,滋味醇厚。产量高,平均单产比肉桂、黄旦高 20% 以上。抗寒、抗旱性强,适应性广。

丹桂品种去除苦涩味的工艺:待枝梢中开面以上较成熟时开采,晒青稍足些。传统做青摇5~6次,第2摇稍重,第3摇一定要重摇至青臭气味显露,每次摇后适当延长晾青时间,做青历时16小时以上,最后1摇离杀青要摊晾6小时以上,堆青至果香显露时杀青;同时结合采用双炒双揉等,可以有效地去除苦涩味。

(7)九龙袍(303):系福建省农业科学院茶叶研究所从大红袍的自然杂交后代中经系统选育而成的无性系茶树新品种。于2000年通过省级品种审定。灌木型,中叶类,晚生种。乌龙茶春茶采摘期,与铁观音相近。产量高,比肉桂、黄旦增产30%以上,制乌龙茶外形重实,色乌润、香气清幽细长,滋味醇爽滑口,耐冲泡。获"中茶杯"名优茶奖、国际银奖等。抗性强,适应性广。因叶质较软,青气较重,应适当重摇、长摊晾、多次烘焙,可提高品质。

(8)瑞香(305):系福建省农业科学院茶叶研究所从黄旦自然杂交后代中经单株选育而成的无性系茶树新品种。2003年通过省级良种审定,2010年通过国家级良种鉴定。灌木型,中叶类,中生种。叶片呈长椭圆。产量高,比黄旦增产一成以上。制乌龙茶香气浓郁清长,花香显,滋味醇厚鲜爽甘润,水中带香,且制优率高。乌龙茶曾多次获省名优茶奖,"中茶杯"一等奖,国际名茶金奖等。制红茶、绿茶品质优异,花香显,味浓爽。抗寒、抗旱能力强,适应性好。

3. 武夷山制茶工艺精湛　武夷茶的制作历史悠久,不断传承与创新。从南北朝简单的采叶做饼起,经唐代蒸青团茶的研膏、蜡面,到宋代的龙团凤饼。从明代的蒸青散茶,到清初不发酵的炒青、烘青绿茶、全发酵烘焙的小种红茶及半发酵的武夷岩茶(即乌龙茶)创制技术诞生,其中红茶与乌龙茶为世界首创。

武夷岩茶初制工艺流程:

鲜叶→萎凋(日光或加温)→做青(摇青←→晾青)→杀青→

揉捻→烘焙→毛茶。

其中,萎凋、做青是形成乌龙茶品质最关键的工序。在适宜的温湿条件下,促进了糖苷酶的活化,从而促进糖苷类物质的水解,生成萜烯醇类的游离芳香成分和葡萄糖,既增加了茶叶的花果香气,又提高了茶汤的甜醇度(β-樱草糖苷酶是乌龙茶、红茶的主要香气成分的催化剂)。还有,炭焙是稳定提高岩茶品质特色的工序。很多研究表明,适度焙火可以显著改善武夷岩茶品质。经焙火处理后,茶叶中的一些不溶于水的物质发生裂解和异构化,从而促进花果香气更加纯正,去除青涩味,使滋味更加醇厚回甘,茶汤更加清澈透亮等,但焙火程度过高会导致茶汤产生焦苦味,不利于滋味品质。

五、茶具有诸多保健功效

《神农本草经》记载:"神农尝百草,日遇七十二毒,得茶而解之。"从中可知,五千年前,我们的祖先对茶的营养保健功效就有深刻的认识。唐代药学家陈藏器在《本草拾遗》中说:"诸药为各病之药,茶为万病之药。"药学家李时珍在《本草纲目》中全面总结了茶的功效:"茶苦而寒……最能降火。火为百病,火降则上清矣。"

现代科学研究表明,人类有很多疾病与人体内的过量自由基有关,而茶叶具有很强的清除自由基和抗氧化的功效,因此,茶具有诸多保健功效,如增强人体免疫力、抗氧化(延缓衰老)、降血脂、降血糖、降血压、清热解毒、消食减肥与调节肠道菌群功能等。有专家预言,21 世纪将是茶叶的世纪。

茶叶中的药效核心—— 茶多酚

李晓雅　刘龙涛

一、茶多酚与茶

茶与咖啡、可可并称世界三大饮料。中国是世界上第一个发现和利用茶的国家，并通过丝绸之路传向世界。在目前世界饮料消费榜中，茶高居第二位，仅次于水，其消费量远远超过了咖啡、酒类和碳酸饮料，每天全世界数百万人要消耗掉 30 亿杯茶之多。与我们现在对茶饮料的认识有所不同，在中国，茶作为饮料是从汉代才开始流行，在这之前，特别是从上古时期开始，茶叶更多作为药用且与人民生活息息相关。中国农耕文化始祖神农氏曾"尝百草，日遇七十二毒，得荼而解之"，这是记叙在《神农本草经》中的故事，此处的"荼"正是"茶"之意。这个神农与茶的故事正是茶作为药用的起始[1]。

学者们针对茶的药用功效进行的系列研究工作，使得茶叶中有药理和保健功能的主要成分——茶多酚，逐渐走进我们的视野。茶多酚（tea polyphenol, TP）又称茶鞣质、茶单宁，是茶叶中类多羟基酚类化合物的总称，占茶叶总重量的 30% 左右。2006 年 10 月，美国食品药品监督管理局（FDA）批准 Veregen 作为新的处方药，用于局部（外部）治疗由人乳头瘤病毒（HPV）引起的生殖器疣，成为 FDA 自 1962 年药品修正条例以来，首个批准上市的植物（草本）药。

组成茶多酚的化学成分众多，主要包括黄烷醇类、花色苷类、黄酮类、黄酮醇类以及酚酸类等,其中以黄烷醇类物质(儿茶素)为主要成分,占比 60%~80%。儿茶素又包括表没食子儿茶素没食子酸酯(EGCG)、表没食子儿茶素(EGC)、表儿茶素没食子酸酯(ECG)、表儿茶素(EC)、没食子儿茶素和儿茶素,其中以 EGCG 含量最高,约占儿茶素的 80%[2]。

二、茶多酚的药理作用

人体由九大系统组成,包括免疫系统、内分泌系统、循环系统、神经系统、运动系统、消化系统、呼吸系统、泌尿系统、生殖系统。这九大系统间的协同合作使我们拥有了健康的体格。经过学者的不断研究与实验,茶多酚被证实具有多系统的药理作用[3,4]。下面将分系统进行介绍。

(一)对免疫系统的作用

免疫系统是保证人体生命健康的重要堡垒,具有监控、防御及调控的作用,可识别和清除各种外来的有害病原体及内生变异及坏死的细胞组织,并及时修复受损的组织及器官使其恢复原有的功能。茶多酚在免疫系统中发挥的作用是最多也是最突出的,主要表现在抗氧化、抗炎、抗过敏、抗菌与抗病毒等多个方面。

1. 抗氧化及延缓衰老 从其化学组成上看,茶多酚是一类含有多酚羟基的化学物质,儿茶素环和环上的酚羟基有供氢体的活性,在氧化过程中可生成邻醌类及联苯酚醌,这提示茶多酚具有出色的抗氧化特性。当机体内部发生氧化与衰老进程加快时,发生变异坏死的机体细胞会不断增加,组织器官也将出现不同程度的受损,这会在极大程度上增加免疫系统监控清除的工作量,而茶多酚的抗氧化特性可为免疫系统减压减负,并为其正常运转提供保障。概括来说,茶多酚可从 3 个方面发挥抗氧化作用:①直接参与自由基的清除;②灵活调节"氧化酶"与"抗氧化酶"的活性;③诱导氧化的过渡金属离子发生络合反应。

源于生化反应的天然副产物——自由基，因其原子或基团中含有未配对电子而表现得非常活泼。当人体暴露于如烟草、烟雾与辐射的环境因素中，也会诱导产生大量自由基。自由基可造成健康细胞的细胞质溢出、细胞感染、遗传损坏及突变。因此，寻找可以清除自由基的抗氧化剂显得非常必要。用化学发光法对比绿茶、乌龙茶、红茶中的茶多酚，可发现其都有清除氧自由基的作用，并呈现高度的量-效关系，其中乌龙茶茶多酚的作用甚至超过抗氧化剂维生素 C 和维生素 E。此外，茶多酚还可参与清除羟自由基、脂质自由基和单线态氧，如普洱茶中的茶多酚清除羟自由基和 DPPH 自由基的能力较为突出，安吉白茶中的茶多酚对红细胞氧化溶血和过氧化氢（H_2O_2）所致的氧化溶血表现出显著的抑制作用。

体内自由基的生成离不开许多"氧化酶"的参与，例如：黄嘌呤氧化酶（XO），当机体发生缺血时，高能磷酸化合物腺苷三磷酸（ATP）逐步降解为腺苷二磷酸（ADP）、腺苷一磷酸（AMP）、腺苷，最终形成次黄嘌呤，在缺血再灌注发生的最初数秒内，自由基则会爆发性增加。其他如细胞色素 P450 酶系、环氧合酶（COX）、脂肪氧化酶（LOX）和髓过氧化物酶（MPO）等都可催化体内自由基的生成。多数研究资料都表明，茶多酚可抑制上述各种氧化酶。

人体是阴阳调和的平和体，因此机体内本身也含有多种"抗氧化酶"，以发挥高效清除自由基的作用，如超氧化物歧化酶（SOD）、过氧化氢酶（CAT）、谷胱甘肽过氧化物酶（GSH-Px）等。茶多酚既可保护抗氧化酶不受破坏，还可促进和激活其活性。

茶多酚的多酚结构有较强的络合铁、铜、钙等 10 种金属离子的性能。其可络合过量的游离铁，但不争夺铁蛋白的络合态铁，因此可有效减轻自由基损伤并不会造成缺铁性贫血。茶多酚可抑制铜催化的低密度脂蛋白（LDL）的氧化，这种对铜的弱络合性可保证在一定浓度范围内,因此不会影响以铜为中心的SOD的活性。茶多酚还可络合细胞内的钙,抑制黄嘌呤氧化酶的生成,从而起到抗氧化作用。

衰老与氧化密不可分。茶多酚突出的抗氧化药理作用也展现了其具有抗衰老的优质特点。自由基的过量积累会加速衰老的进程,在这个过程中不饱和脂肪酸不断发生过氧化,细胞的磷脂膜出现不同程度的破坏,之后便是细胞衰老分解的一系列进程,最终导致各种病症。茶多酚可减缓衰老时GSH-Px和SOD的活性下降,降低脂褐质(LF)含量,从而发挥延缓衰老的作用。

2. 抗炎、抗过敏 茶多酚具有较好的抗炎特性,对减轻炎症反应有很好疗效。在了解茶多酚的抗炎特性前,我们需要明确免疫系统发挥识别清除的功能是基于抗原抗体的配对结合,当机体某处受到刺激发生炎症时,大量的免疫细胞在趋化因子作用下会发生局部浸润并释放大量炎症因子,如肿瘤坏死因子-α(TNF-α)、白细胞介素-6(IL-6)、白细胞介素-1β(IL-1β)等,这会导致局部产生红肿热痛等病理反应。正常的炎症反应会帮助机体尽快清除刺激恢复健康,但一旦反应过度则会加重机体的病理状态,产生其他的并发症,甚至威胁生命。

茶多酚能够促进人体外周血液中单核细胞的转化,提高巨噬细胞活性,促进免疫应答;可使组织中中性粒细胞的渗透物、亚硝酸盐、TNF-α等显著减少,减轻急性炎症引起的肺损伤;还能够显著降低血清中丙氨酸转氨酶(ALT)、IL-6水平,降低多形核白细胞的渗透、细胞黏附分子的表达和核因子κB抑制蛋白α(IκBα)的磷酸化,减轻急性炎症导致的肝损伤。此外,茶多酚在炎症后期还有抑制肿胀的作用。

茶多酚可提升环腺苷酸/环鸟苷酸(cAMP/cGMP)比值,抑制肥大细胞、中性粒细胞的脱颗粒,抑制透明质酸酶活性,具有一定的抗过敏作用。茶叶中分离提取出来的 4 种儿茶素类成分（EC、EGC、EGCG 和 ECG）都可抑制组胺释放，让组胺收缩曲线向右偏移，让过敏反应得到缓解与降低，但其主要抑制快速过敏反应。研究还发现，60% 抑制浓度的 ECG、EGC、EGCG 比目前的抗过敏药曲尼司特（tranilast）的抑制效果分别强 2 倍、8 倍和 10 倍。

3. 抗菌、抗病毒　从茶多酚开始药用以来，研究学者不断进行抗菌实验。现已发现，茶多酚对金黄色葡萄球菌、大肠杆菌、沙门菌、肉毒杆菌、普通变形杆菌、表皮葡萄球菌、变形链球菌、乳酸杆菌、霍乱弧菌、黄色弧菌、副溶血弧菌、蜡状芽孢杆菌、嗜水气单胞嗜水亚种、肠炎沙门菌、铜绿假单胞菌、福氏痢疾杆菌、宋氏痢疾杆菌、伤寒杆菌、副伤寒杆菌、黄色溶血性葡萄球菌、金黄色链球菌等的生长繁殖都有不同程度的抑制作用，所以说茶多酚是一种天然的、低毒作用的、广谱的抗菌药。在实验动物体内还观察到，茶多酚具有双向调节肠道菌群作用，不但可抑制有害菌的增殖，还可促进有益菌的生长。茶多酚还可促进产生葡酰转移酶，抑制不溶性葡聚糖形成，使细菌无法在牙齿表面黏附形成菌斑，从而预防龋齿。此外，还有研究发现，茶多酚对引起皮肤病（如汗疱状白癣、顽癣）的一些真菌也有抑制作用。

茶多酚的抗病毒作用也不容小觑。实验室结果表明，茶多酚对流感病毒 A_3 具有直接灭活和治疗作用，能显著抑制流感病毒 A_3 的增殖，且呈量 - 效关系。日本学者岛村忠藤还发现，甲型、乙型流感病毒一般是分散聚集，EGCG 成分因其结构比病毒更微小而能与免疫抗体一起附着在病毒突起上，从而阻碍病毒入侵健康细胞。茶多酚除了可抵抗流感病毒外，还可抵抗轮状病毒、牛冠状病毒、人类免疫缺陷病毒（HIV）、腺病毒、EB 病毒、人乳头瘤病毒（HPV）、呼吸道合胞病毒（RSV）、胃肠炎病毒、甲型肝炎病毒、植物病毒等多种致病微生物。

茶多酚抗病毒作用广泛,尤其是抗 HIV 的突出作用更值得关注。茶多酚可强烈抑制人体免疫缺陷病毒逆转录酶的活性,儿茶素衍生物对 HIV-1RT 及 DNA 聚合酶也具有抑制作用,甚至 EGCG 的抑制作用比第一个抗 HIV 的核苷类药——齐多夫定(AZT)的作用还要强。EGCG 是 HIV-1RT 底物脱氧胸苷三磷酸(dTTP)的非竞争性抑制剂,是模板多聚(rA)、寡聚(dT)12~18 的混合型抑制剂。从结构与药效的关系上讲,ECG 比 EC 活性提高 86 倍,而 EGCG 比 ECG 活性又高出 12 倍,因此茶多酚或者说 EGCG 为人类抗 HIV 提供了新的研究攻克方向,也为感染 HIV 的患者带来了新的希望。

(二)对内分泌系统的作用

随着人们生活条件与饮食习惯的改变,我国患有 2 型糖尿病与肥胖症的人数逐年上升。茶多酚在降糖、降脂、抗肥胖三方面的作用较突出,现已成为预防与降低内分泌系统疾病的天然药物之选。

1. 降糖　茶多酚为天然的糖苷酶抑制剂,可延缓淀粉、蔗糖等分解成葡萄糖,稳定体内的糖化血红蛋白水平,降低内皮素水平,这能够直接减缓餐后血糖的上升。此外,研究人员还发现,连续饮用 4 周绿茶不但可明显降低血糖水平,还能增加胰岛 β 细胞的数量,这可能与儿茶素能增加酪氨酸磷酸化的胰岛素受体和胰岛素受体底物 -1 的含量,减少氧化应激等因素有关。

2. 减肥、降脂　肥胖指人体内脂肪过度堆积或分布异常的一种病理现象。通过计算体重指数(body mass index,BMI)可以直观了解个体的肥胖程度。具体计算方法是以体重(千克,kg)除以身高(米,m)的平方,即 BMI= 体重 /(身高×身高)。在我国,成人 BMI≥24 则计为超重,BMI≥28 则计为肥胖。致使肥胖的原因非常复杂,但最终都可归于人体内分泌及代谢的失衡。茶叶中含有 3 种抗肥胖的关键成分——儿茶素、咖啡碱和茶氨酸。这 3 种成分协同作用可以促进棕色脂肪组织氧化分解产热,抑制肾上腺素分解酶、细胞间磷酸二酯酶（PDE）及儿茶酚-O-甲基转移酶（COMT）的活性，延长交感神经系统刺激的生热作用，可有效减少脂肪的累积。

我们都知道，肥胖是高血脂发病的独立危险因素，但是患有高血脂的人群并不都患有肥胖。高血脂患者表现为体内总胆固醇（TC）和/或甘油三酯（TG）过高，也可表现为高密度脂蛋白胆固醇（HDL-C）过低或低密度脂蛋白胆固醇（LDL-C）过高。茶多酚能降低血清TG、TC和LDL-C水平，升高HDL-C水平，可起到全面调节血脂的作用。茶多酚可通过以下机制发挥降血脂作用：①通过直接抑制胰脂肪酶活性来减少肠道内外源性胆固醇吸收；②通过抑制脂肪酸合成酶（FAS）的活性、减小载脂蛋白B100/载脂蛋白A1（ApoB100/ApoA1）的比值来降低脂肪的合成；③通过激活LKB1-AMPK信号传递途径，降低血液内脂质作用；④通过提高高密度脂蛋白（HDL）和卵磷脂-胆固醇酰基转移酶（LCAT）的水平，调节脂蛋白水平，促进胆固醇的代谢。

（三）对循环系统的作用

在循环系统疾病中，高血压及动脉粥样硬化相关疾病在中老年人群中发病率高，严重影响患者生活质量。茶多酚突出的抗炎、抗氧化及降脂作用提示其是预防治疗动脉粥样硬化相关疾病及高血压的良药。多数研究也表明，饮茶者高血压发病率、缺血性心脏病发病率、冠心病死亡率及中风死亡率都明显低于非饮茶者。

1. 降血压 高血压被定义为收缩压（SBP）≥140mmHg和/或舒张压（DBP）≥90mmHg的异常现象。高血压是周围血管平滑肌张力增加的结果，可引发中风、充血性心力衰竭、心肌梗死和肾功能损害等而严重危害生命健康。茶多酚的降压作用机制主要是：①抑制血管紧张素转换酶（ACE），使其不能转化成血管紧张素Ⅱ；②降低血浆中高同型半胱氨酸含量；③调节磷脂酰肌醇3激酶（PI3K）信号途径刺激一氧化氮（NO）产生，抑制氧化应激反应。此外，还有研究报道，EGCG 可阻止因高血压导致的向心性心室肥厚。

2. 抗动脉粥样硬化　随着机体血脂水平升高，氧化应激及炎症因子不断参与，胆固醇逐渐沉积到动脉内膜下，巨噬细胞逐渐转变为泡沫细胞，并伴随纤维组织大量增生，最终将导致动脉管腔狭窄引发供血组织缺血或坏死。茶多酚可从降脂、抗氧化、抗炎与免疫调节的全过程、多环节参与抗动脉粥样硬化。血脂升高是动脉粥样硬化病程发展的先决条件。茶多酚可通过调节血脂水平、降低血中胆固醇含量而有效保护循环系统。在抗氧化方面，茶多酚可有效抑制低密度脂蛋白（LDL）的氧化修饰，还能减轻自由基对血管内皮及心肌的损伤。在抗炎与免疫调节方面，茶多酚可抑制免疫球蛋白 G（IgG）、免疫球蛋白 M（IgM）在斑块内表达，调节巨噬细胞的功能并促进抗炎因子的产生。

3. 抗血小板聚集　茶多酚中的 EC、EGC 及 EGCG 对血小板聚集都具有抑制作用。其中，实验发现，EGCG 在 0.2mg/ml 时就能完全抑制胶原引起的血小板聚集，而且通过比较半抑制浓度（IC_{50}），发现其抗凝效果可与阿司匹林相当。茶多酚还可通过抑制酪氨酸的磷酸化和抑制磷脂酶的活性，提高细胞前列腺素 D 的含量，干扰同型半胱氨酸（Hcy）导致的纤溶酶原激活物抑制物 -1/ 组织型纤溶酶原激活物（PAI-1/t-PA）比值紊乱，防止血栓的发生。茶多酚在循环系统中的作用还表现在有强心作用，可抗心律失常，以及有抗缺血再灌注损伤作用等。

（四）对神经系统的作用

茶多酚有保护神经细胞、预防及延缓老年性痴呆（阿尔茨海默病）、防治帕金森病等作用，其主要的药理作用依赖于其强大的抗氧化特性。

1. 保护神经细胞　茶多酚是一种天然的神经保护剂，可用来预防治疗脑缺血引起的各种脑疾病。茶多酚可通过抑制血小板活化因子（PAF）对神经细胞的损害，抑制脑线粒体脂质的过氧化，提高ATP酶活性，提高脑内高能物质磷酸肌苷的含量，以此改善血液抗氧化能力和球结合膜微循环功能，具有保护脑功能及神经细胞的作用。高剂量的EGCG能够降低神经细胞内的丙二醛（MDA）水平，缓解MDA过多所造成的脑缺血症状，也可减少缺血性脑水肿和脑梗死的形成。茶多酚还可通过调控Akt-Bax/Bcl-2-caspase-3信号通路来减轻前额叶神经细胞毒性损伤，抑制Aβ纤维或低聚物的形成，实现保护神经细胞的作用。

2. 防治老年性痴呆及帕金森病　老年性痴呆的发生发展与自由基过多所引起的脂质过氧化物（LPO）形成的关系极为密切。茶多酚可有效提升超氧化物歧化酶（SOD）活力，并且其水溶性强，有一定的弥散力，可以透过生理屏障，直接作用于中枢神经系统及全身其他器官。这些药理特点均有利于老年性痴呆前期、早期的治疗。

帕金森病最主要的病理改变是中脑黑质多巴胺（dopamine，DA）能神经元的变性死亡，并由此而引起纹状体DA含量显著减少而致病。茶多酚对帕金森病的防治作用呈现时间和浓度依赖性关系，通过降低中脑和纹状体中活性氧（ROS）和一氧化氮（NO）的含量，能显著减少6-羟基多巴胺（6-OHDA）引起的神经细胞的死亡，降低细胞内钙离子和活性氧积累，降低细胞内硝基酪氨酸结合蛋白的水平。研究发现，通过调节EGCG浓度，可调节不同蛋白质的表达水平，如热激蛋白（HSP），神经细胞内参与细胞骨架的调控和神经元信号转导通路的结合蛋白，细胞骨架相关蛋白等。此外，EGCG能降低与传感器缺氧诱导因子（HIF）调控相关的免疫球蛋白重链结合蛋白和热激蛋白90β两个蛋白的水平。

（五）抗癌作用

茶多酚在消化系统中有抗肝癌的作用，在呼吸系统中有抗肺癌的作用，在泌尿系统中有抗膀胱癌的作用，在生殖系统中还可抗宫颈癌、卵巢癌。除此之外,茶多酚还可抗乳腺癌、前列腺癌、皮肤癌等。因此,茶多酚在多个系统中均有表现突出的抗癌作用,可在癌症的预防和辅助治疗中发挥重要作用。目前认为,茶多酚的抗癌机制主要通过以下途径实现:①抗氧化作用突出,有效减弱自由基对 DNA 的损伤;②调控致癌过程中的相关蛋白酶,抑制癌基因的表达;③干扰有丝分裂的信息转导;④抗血管形成;⑤影响细胞周期,抑制端粒酶活性,诱导细胞凋亡。

在具体实验中发现,茶多酚可通过 Fas 相关死亡结构域蛋白(FADD)依赖方式介导细胞凋亡,并且高浓度的茶多酚(>800mg/ml)能够导致肿瘤细胞凋亡和细胞溶解。茶多酚可减弱肝癌组织中 Toll 样受体 4(TLR4)、TNF-αmRNA、核因子 κB(NF-κB)的表达,抑制肝癌细胞株 SMMC-72 的生长和分裂,并对 TLR4/NF-κB 信号转导通路有调控作用。茶多酚可减弱肺癌细胞内的钙离子浓度,激活内源性内切酶,阻断细胞从 G_1 期到 S 期的生长,调控抗凋亡蛋白 Mcl-1 和 Bcl-x 的表达以促进肺癌细胞的凋亡。茶多酚可提高宫颈癌细胞内的凋亡因子 caspase-3、caspase-9 的活性,抑制 HeLa 细胞内 DNA 的合成及蛋白酶体的活性,抑制表皮生长因子受体(EGFR),激活胞外信号调节激酶 1/2(ERK1/2)和丝氨酸/苏氨酸激酶(Akt),使细胞停滞在 S 期,以抑制其增殖生长并促进癌细胞凋亡。茶多酚可调控膀胱癌组织中 PKB/Akt 信号通路,使 PTEN 蛋白表达增高,抑制 CDKs 蛋白的活性,抗膀胱癌细胞中的血管再生。

此外,EGCG 还能调控缺氧诱导因子 -1α(HIF-1α),使微小 RNA-210(miR-210)高表达,有效抑制肿瘤生长的关键酶(尿激酶和端粒酶),调控某些蛋白,如 p53、Bax、p21、cyclin D1 和 Bcl-XL 等,以降低癌细胞的增殖速率,起到抑癌作用。茶多酚还可抑制早幼粒细胞白血病细胞的生长,抑制肿瘤细胞中还原型烟酰胺腺嘌呤二核苷酸磷酸(NADPH)- 细胞色素还原酶及细胞色素 P450 活化系统的活性。在临床中,每日摄取 160mg 茶多酚可明显抑制人体内亚硝化的影响,当日摄取量为 480mg 时可达最高效应。由于对放化疗患者的细胞总数有明显保护作用,茶多酚现已作为一种化疗辅助药投入生产和使用。

(六)其他药理作用

除了上述几大药理作用外,茶多酚还有很好的肝保护和肾保护作用:可促进肝星状细胞生长和活化状况抑制毒化细胞及细胞间的传染作用,保护肝的正常代谢和解毒功能;可治疗肾衰竭和慢性肾功能不全,抑制肾小球基底膜的增厚,治疗原发性及肾性高血压。另外,茶多酚可激活 Wnt/β 途径、干扰丝裂原激活蛋白激酶(MAPK)信号通路、作用于 SAPK/JNK 途径,使转化生长因子 -β(TGF-β)的活性减弱,抑制细胞 HSP27 的产生,从而发挥防治骨质疏松的作用。茶多酚还可抗紫外线 B(UVB)辐射以保护皮肤,提高血清促红细胞生成素(EPO)水平以促进造血功能,对环孢素 A、雷公藤内酯醇、铅、镉、百草枯、四氯化碳等有一定解毒作用。

三、小结

茶多酚可发挥抗炎、抗衰老、抗氧化、抗菌、抗病毒等作用来保护免疫系统;可发挥降糖、降脂、抗肥胖等作用来减少内分泌疾病的发生;可降压、抗血小板聚集、抗动脉粥样硬化,以有效预防高血压、冠心病等常见病、高发病;可保护神经细胞,预防治疗帕金森和老年性痴呆;可抗多系统的恶性肿瘤等,药理作用非常广泛。代谢研究表明,茶多酚中的儿茶素可通过口腔黏膜吸收,唾液中儿茶素的半衰期为 10~20 分钟,比血浆半衰期短。茶多酚主要在肝和结肠中代谢,最终可随尿及胆汁排出体外,代谢较完全。目前尚未发现其长期应用的毒性反应,安全性高。

我国是茶叶大国,茶工艺水平世界领先,因此提取茶多酚的方法也非常多样,有溶剂提取法、金属离子沉淀法、树脂吸附法、超临界流体萃取法、超声波浸提法、微波浸提法、低温纯化酶提取法和盐吸法等,这为茶多酚在工农业、生活医疗中广泛应用提供基础支撑。相信在不久的将来,茶叶中的药效核心——茶多酚,一定能产生更大的经济和社会效益。

参考文献

[1] 姜新兵 . 神农与茶之事渊源考略 [J] . 中国茶叶,2019,41（11）:60-64.

[2] 江滢,沈思婷,夏如枫,等 . 茶多酚的化学组成及其含量测定与结构鉴定 [J] . 机电信息,2018（20）:1-9.

[3] 郑科勤 . 茶多酚的药理作用探讨 [J] . 福建茶叶,2018,40（1）:33-34.

[4] 张晓梦,倪艳,李先荣 . 茶多酚的药理作用研究进展 [J] . 药物评价研究,2013,36（2）:157-160.

茶叶化学与健康功能研究进展

王一君

茶作为世界上最重要的饮品之一,其栽培类型的驯化起源一直是人们关注的热点。茶叶生物化学的研究与茶叶的品质密切相关。茶叶的汤色、滋味、香气等关键品质因素都取决于茶叶的内在化学成分。茶叶作为健康饮品具有多种健康功效,包括降糖、降脂、降血压、癌症预防、舒缓情绪等多个方面的潜在防治作用。本文综述了茶树的起源研究;茶叶次生代谢物合成机制,通过代谢谱了解茶叶在各种情况下生物活性物质的变化、茶叶香气形成的机制;茶叶的健康功效。

一、茶树的起源与栽培

1. 茶树的起源　　茶树(*Camellia sinensis*)属山茶科山茶属茶组植物。我国很早就开始了关于茶树起源的研究。20 世纪 80 年代,有学者以云南全境茶树品种为材料,经过考察云南茶种的分布规律和形态特点,得出"云南是茶树原产地,文山、红河两州内的区域为茶树的起源中心"这一结论。贵州茶叶专家刘其志等研究了茶的植物进化系统与古生物学、古地理学的大量资料,提出了茶树起源于云贵高原,其中心地带在黔滇桂台向穴处的论点。结合罗庆方对茶树起源的综述,综合前人的研究,可以得出我国是茶树的原产地,西南地区是茶树的起源中心。

2. 茶树的栽培与分布　茶树是一种喜温、喜湿、喜散射光的常绿作物,主要分布在亚热带和热带地区。在亚洲、欧洲、东非和南美均有分布。茶树在中国主要集中在四大茶区:西南茶区、华南茶区、江南茶区和江北茶区。中国是全球最大茶叶生产国。依据《茶业蓝皮书:中国茶产业发展报告(2017)》可知,我国共有 18 个产茶省(区),茶园总面积 4 588.7 万亩,其中开采面积约 3 707 万亩。贵州、云南、四川、湖北、福建是茶园面积最大的 5 个省份。无性系良种茶园面积比例达 60.9%,有机茶园面积比例 7.5%。茶园平均亩产量 60.3kg,亩产值 3 920 多元。

二、茶叶化学

茶叶中含有 500 多种化合物。茶树鲜叶由水分(75%~78%)和干物质(22%~25%)组成,干物质主要包括蛋白质(20%~30%)、糖类(20%~25%)、脂类(约 8%)、有机酸(约 3%)、色素(约 1%)、维生素(0.6%~1.0%)、芳香物质(0.005%~0.03%)等有机物和 F、Fe、Se、Mg、Al、Zn、Mn 等无机物。其中一些特殊的次生代谢物,如咖啡碱、茶氨酸和儿茶素等与茶叶品质的形成息息相关,并且具有一定的药理和保健作用。这些茶树特有的物质是茶树生物化学研究的主要对象,近年来对其代谢途径的研究也取得了一定进展。

1. 茶树次生代谢物的合成机制

(1)酯型儿茶素合成机制:儿茶素(catechin)是茶树中的主要多酚类物质,属于黄酮类化合物(flavonoid)中的黄烷 -3- 醇(flavan-3-ols)。Liu 等在茶树中纯化并鉴定了一种参与儿茶素合成的酶,阐明了茶树中没食子儿茶素的生物合成途径。酰基转移酶通过 1-O- 葡萄糖合成的酯依赖的两步反应合成了没食子酸儿茶素。第一个反应是,没食子酸(GA)和尿苷二磷酸(UDP)在没食子酰

基 -1-*O*-*β*-D- 葡萄糖基转移酶（UGGT）的催化下生成 1-*O*-*β*-D- 没食子酰葡萄糖（βG）。第二个反应是，葡萄糖基甘油和 2,3- 顺式 - 黄烷 -3- 醇在 1-*O*- 没食子酰基 -*β*-D- 葡萄糖 -*O*- 没食子酰基转移酶（ECGT）的作用下生成没食子酸儿茶素（图 4）。

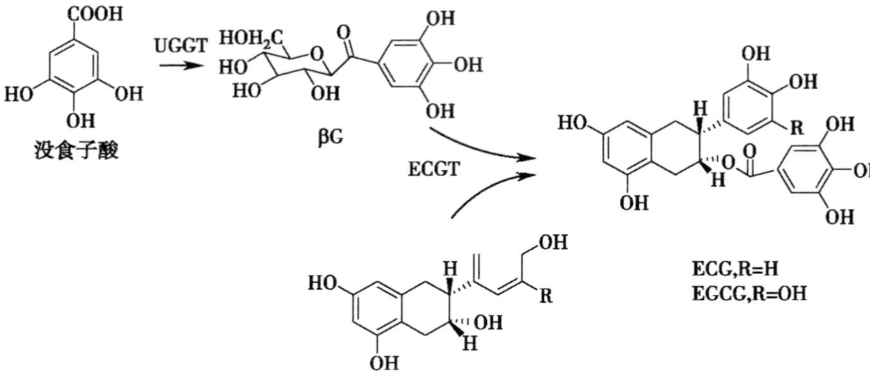

图 4　酯型儿茶素合成途径
ECG. 表儿茶素没食子酸酯　EGCG. 表没食子儿茶素没食子酸酯

（2）茶树咖啡碱合成途径：茶树中含 3 种生物碱——咖啡碱、可可碱和茶碱。其中，咖啡碱（caffeine）含量最多，茶碱含量极微。咖啡碱是一种嘌呤类生物碱，是茶叶中非常重要的一个次生代谢物。咖啡碱呈苦味，具有一定的兴奋性。茶树体内除种子外，其他部位均含有咖啡碱，其中幼嫩叶片中含量最高，老叶中稍次之，茎梗和花果中较少。目前，对咖啡碱生物合成的研究已经得到了比较确定的结果，合成过程中关键的酶也都已经基本解析，涉及 3 种 N- 甲基转移酶：黄嘌呤甲基转移酶、7-N- 甲基黄嘌呤甲基转移酶和 3,7- 二甲基黄嘌呤甲基转移酶。Mohanpuria 等总结了咖啡碱的生物合成途径。以黄嘌呤核苷（XR）为底物，通过依赖 SAM 的 N- 甲基转移酶（包括咖啡碱合酶）催化可可碱转化为咖啡碱（图 5）。

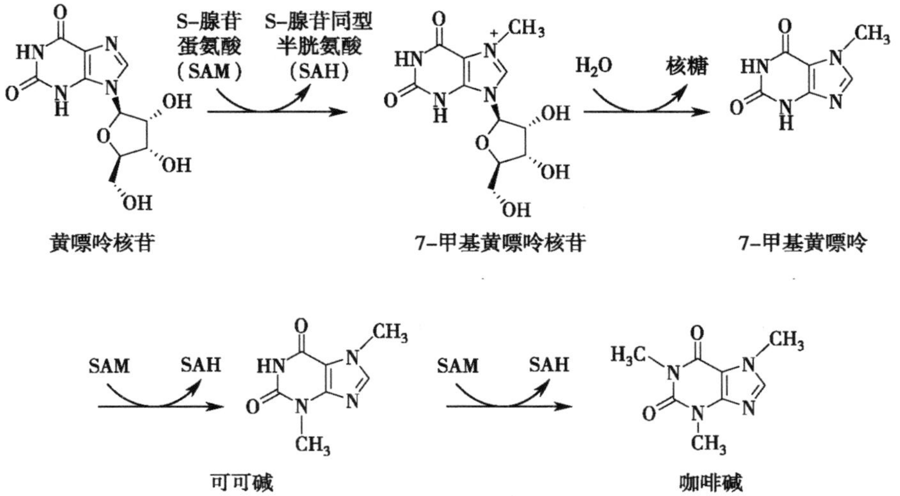

图 5　咖啡碱合成途径

（3）茶氨酸生物合成途径：茶氨酸（theanine）是茶叶中的一类非蛋白质氨基酸,是茶树的主体和特有氨基酸。目前,已有研究表明,茶氨酸是茶树体内乙胺和谷氨酸在茶氨酸合成酶作用下生成的（图 6）。茶氨酸合成代谢途径的关键酶包括直接参与合成茶氨酸的茶氨酸合成酶和茶氨酸水解酶,以及控制主要前体物乙胺来源的丙氨酸脱羧酶等。茶氨酸合成酶（TS）是茶氨酸合成代谢的关键酶。研究表明,茶氨酸合成酶（TS）与谷氨酰胺合成酶（GS）具有高度的

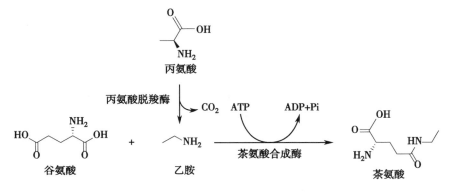

图 6　茶氨酸合成途径

基因同源性。韦朝领等研究发现一条 GS 基因序列,命名为 CsTSI,具备体外合成茶氨酸的能力。并且,TS 在茶树不同部位的表达量不同,说明茶氨酸的合成具有明显时空特异性,参与多个器官的氮素贮藏与转运。

2. 茶叶的品质及加工化学

（1）茶树代谢谱 - 生物活性结合研究:近年来,茶树次级代谢的研究还体现在特征性次级代谢物的代谢谱研究上,包括特异性种质资源代谢谱、茶叶加工过程代谢谱和环境以及农艺措施对茶树代谢谱的影响等相关研究。茶叶中富含的多种化学物质都具有一定的生物活性,对茶叶样品进行代谢谱研究能发掘新的功能性物质。如 Kumazoe 等研究表明,绿茶提取物能诱导癌细胞凋亡,具有间接抗癌作用。在这过程中,EGCG 是发挥作用的主要化合物,但仅 EGCG 的作用是有限的。运用液质色谱 - 质谱法（LC-MS）对 43 种栽培种茶树进行代谢谱分析（图 7）,发现能增强 EGCG 抗癌效果的关键活性物质多酚二碘醇（polyphenol eriodictyol）。王胜云等研究显示,不同遮阴处理的茶叶样品的代谢谱不相同（图 8）,表明不同遮阴处理对茶叶黄酮类物质基因的表达有影响。由此可见,基于代谢分析的数据挖掘可能是筛选更多生物活性和识别有效化合组分的有效策略。

（2）黑茶、黄大茶的加工化学研究:现代液、气质谱分析仪和组学技术的应用有效推进了茶叶加工化学与品质化学的发展。茶叶加工化学对茶叶色泽、滋味、品质、健康功效都有一定影响。黑茶为六大茶类之一,属后发酵茶,一般由茶鲜叶经杀青、揉捻、渥堆和干燥四道工序加工而成。以黑茶为例,徐杰等的研究基于非靶向 LC-MS,测定茯砖茶在微生物发酵过程中的化学组成变化。运用主成分分析（PCA）比较茯砖茶与其他茶产品,可显示发酵过程对茯砖茶中活性物质的影响（图 9）。

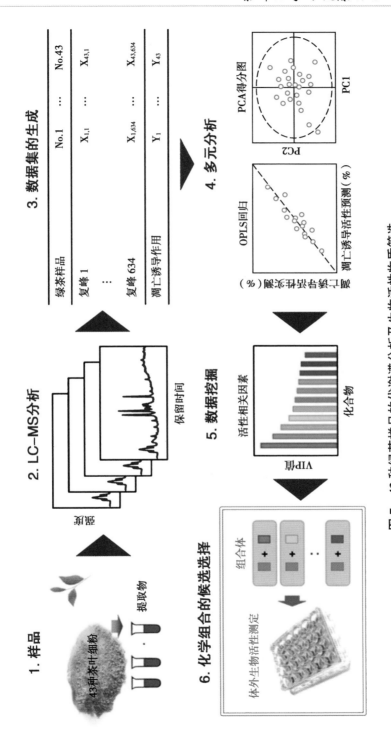

图 7　43 种绿茶样品的代谢谱分析及生物活性物质筛选

PCA. 主成分分析　OPLS. 正交偏最小二乘法　PC1. 第一主成分　PC2. 第二主成分

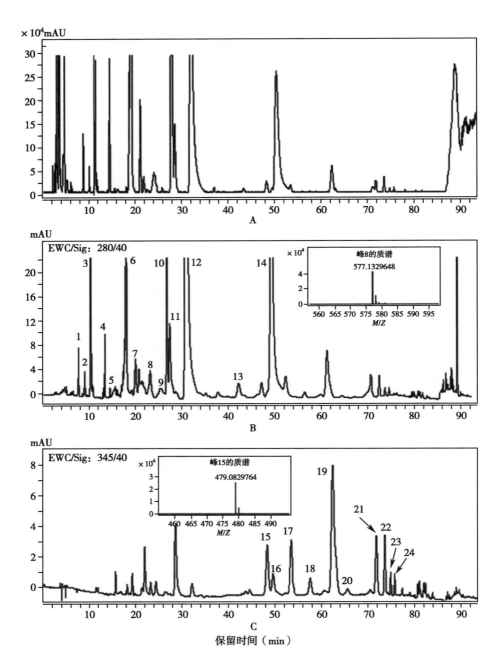

图8 不同遮阴处理茶叶样品的液相色谱图

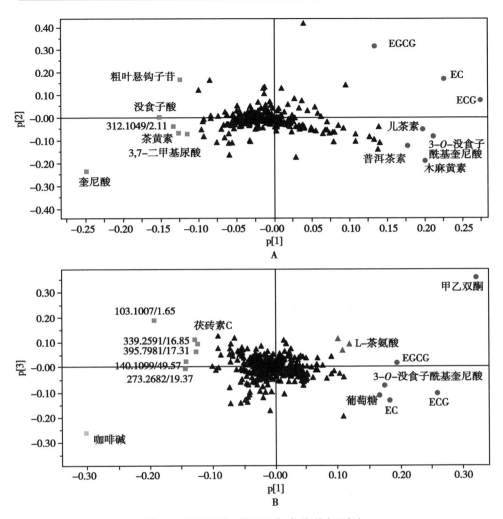

图9 实验组和对照组主成分分析对比

EGCG.表没食子儿茶素没食子酸酯　EC.表儿茶素　ECG.表儿茶素没食子酸酯

　　黄大茶是由带茎的成熟茶叶经高火烘焙制成,滋味浓厚醇和,具有高爽的焦香。周杰等收集黄大茶每个加工步骤后的样品进行色谱测定,经代谢组学分析,表明高火焙烧过的黄大茶表儿茶素和游离氨基酸含量明显减少,儿茶素含量增加,并且发现儿茶素与茶氨酸还形成了一类新型的黄烷醇生物碱(图10)。由此可见,在茶叶加工过程中进行代谢分析也能挖掘一些化学成分的新功能。

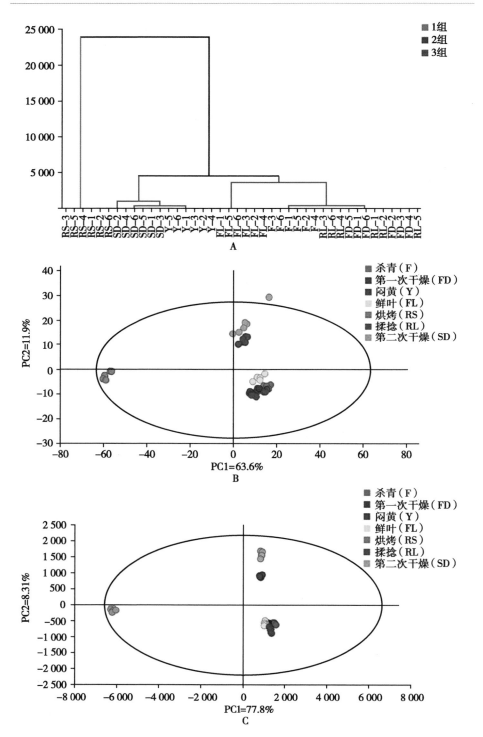

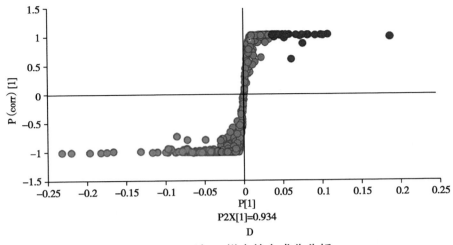

图 10　不同加工样本的主成分分析

（3）同一茶叶，6 种茶类的加工化学研究：中国的六大茶类因其加工方法不同，外形、滋味、香气、化学成分各不相同。根据发酵程度高低，6 种茶的类型通常分为 5 类：①未发酵茶：绿茶；②轻度发酵茶：黄茶和白茶；③部分发酵茶：乌龙茶；④全发酵茶：红茶；⑤后发酵茶：黑茶。王一君等通过对六大茶类代谢谱的研究发掘主要差异性物质，选择同种茶叶的鲜叶制成 6 种茶，利用靶向和非靶向色谱分析对 6 种茶类进行化学表型分析，共鉴定出 279 种化学物质（图 11）。同样，冯智慧等对 6 种茶叶的挥发物进行色谱分析，鉴定出 168 种挥发性化合物，并研究了非挥发性物质的差异，结果发现，氨基酸、儿茶素和黄酮苷类物质是主要的化学差异物质（表 1）。

（4）茶叶香气的主要形成途径：茶叶作为一种消费产品，其感官特征——香气是十分受消费者重视的。刚采摘的茶鲜叶几乎没有任何气味，在加工过程中经过酶促反应开始形成香气。但茶叶香气不仅仅由加工过程决定，还取决于茶树品种、生长环境等多种因素。目前，在茶叶生产过程中已报道 600 多种化学物质。茶叶香气是多种复杂成分的混合物，大致可分为脂肪族、芳香族及萜类化合物。Chi-Tang Ho 等总结了茶叶香气形成的 4 种主要途径：类胡萝卜素途径、脂肪酸途径、糖苷水解途径以及美拉德反应途径（图 12）。

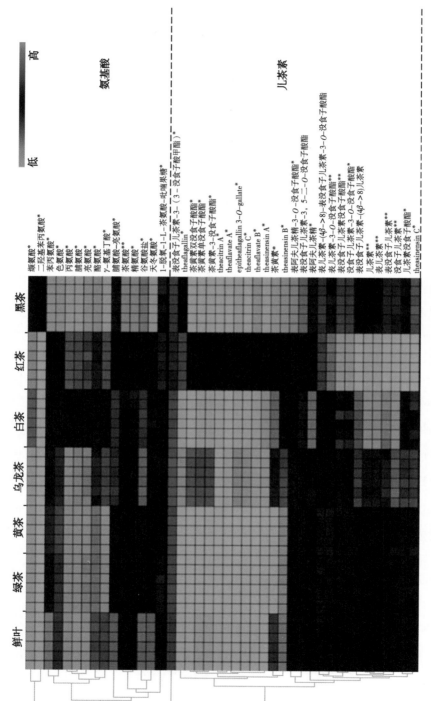

图 11 6 种茶中化学物质的热图分析

"*" 表示该物质经过二级质谱鉴定；"**" 表示该物质经过标准品鉴定（标准品鉴定更准确）

表 1 6 种茶叶浸取液质量评估

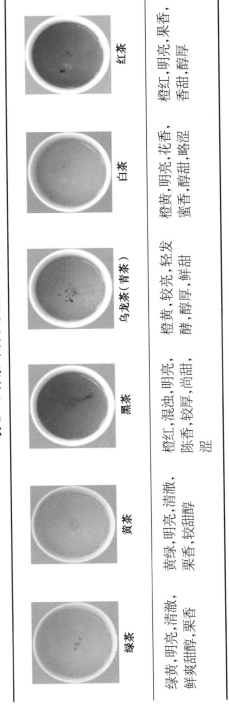

绿茶	黄茶	黑茶	乌龙茶(青茶)	白茶	红茶
绿黄,明亮,清澈,鲜爽甜醇,栗香	黄绿,明亮,清澈,栗香,较甜醇	橙红,混浊,明亮,陈香,较厚,尚甜,涩	橙黄,较亮,轻发酵,醇厚,鲜甜	橙黄,明亮,花香,蜜香,醇甜,略涩	橙红,明亮,果香,香甜,醇厚

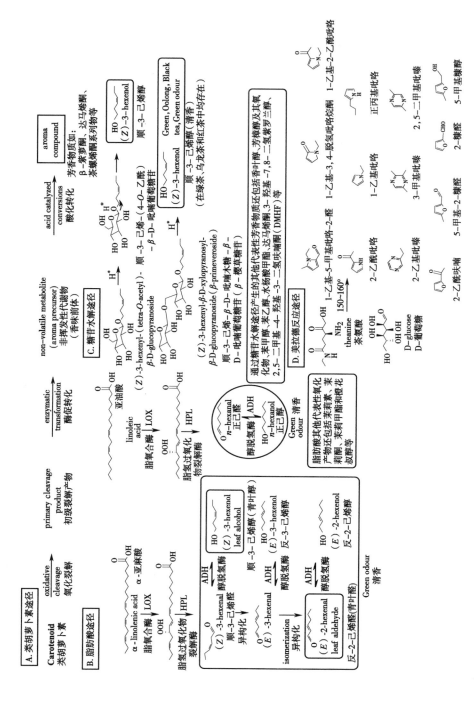

图 12　茶叶香气形成的 4 种途径

三、茶与健康

自古以来,典籍中便记载了茶的多种功效。《本草拾遗》记载:"茶久食令人瘦,去人脂。"另外,《本草纲目》云:"茶苦而寒……最能降火……温饮则火因寒气而下降,热饮则茶借火气而升散,又兼解酒食之毒,使人神思闿爽,不昏不睡,此茶之功也。"在当代,健康与养生越来越受到社会关注,而茶作为一种具有独特风味的天然植物,因其良好的健康功效被广泛研究。据调查,2000—2010 年 PubMed 收录的研究茶叶活性成分与健康的相关论文迅速增长 2~4 倍以上。茶叶中的主要活性物质包括儿茶素、茶多糖、茶氨酸、咖啡碱等。国内外大量研究表明,茶叶及其活性成分在癌症、代谢性疾病、心血管疾病、神经系统疾病方面均具有良好的保健作用。

1. 茶与癌症预防 动物实验证明,茶对多种癌症具有预防功效,包括皮肤癌、肺癌、肝癌、胃癌、小肠癌等 10 余种癌症;其中,对皮肤癌、肺癌的报道相对较多。但是,人群流行病学调查及临床研究对饮茶防癌尚无定论。有研究表明,小鼠持续饮用 24 周绿茶提取物(GTP)可预防小鼠前列腺癌。除此之外,有研究证实,持续 24 周在照射紫外线前给小鼠涂抹 $1mg/cm^2$ EGCG,可有效预防紫外线照射诱导的小鼠皮肤癌;与对照组相比,小鼠的肿瘤发生率下降 60%,肿瘤数下降 70%。

2. 茶与代谢性疾病 代谢性疾病主要指代谢障碍和代谢旺盛等原因引起的疾病,常见如糖尿病、高脂血症、脂肪肝、高尿酸血症等。近年来,代谢相关疾病的患病率日益增高,且呈现年轻化趋势,严重危害了人类健康。茶叶作为一种天然作物,在防治代谢性疾病上已被证实具有独特疗效。

(1)降血糖:茶叶具有良好的降血糖作用。茶叶中含有的 EGCG 和茶多糖能够清除人体内自由基、抑制糖异生、抑制肝糖原合成,提升胰岛素敏感性,从而预防糖尿病的发生。动物实验表明,EGCG 能够改善 db/db 小鼠葡萄糖耐量并增加葡萄糖刺激的胰岛素分泌,增加了胰岛的数量和大小以及胰腺内分泌区域。Zhuo Fu 等发现,绿茶中的主要多酚成分 EGCG 能有效延缓非肥胖糖尿病(NOD)小鼠 1 型糖尿病(T1D)的发生;与对照组相比,补充 EGCG 的小鼠血浆胰岛素水平和存活率显著升高,而糖化血红蛋白浓度显著降低;EGCG 能提高 NOD 小鼠循环中抗炎细胞因子 IL-10 的水平,且降低了肝葡萄糖生成,提示 EGCG 及其衍生物作为抗糖尿病药的潜在作用。流行病学证据表明,喝茶与降低糖尿病风险之间存在很强的关联。Manman Han 等以安徽红茶、绿茶和黄大茶系列产品为材料,利用高脂饲料诱导的高血糖 ICR 小鼠为模型,在相当于人正常饮茶剂量下进行研究,结果发现黄大茶具有很好的降血糖效应,同时发现动物对其耐受性较其他茶类更好,并发现其降糖机制涉及抑制肝中"硫氧还蛋白互作蛋白"(Txnip)表达。

(2)降血脂:饮茶还能显著降低血液中的胆固醇与甘油三酯水平,抑制脂肪肝形成,并有利于恢复正常肝结构。黄大茶可通过减少脂合成相关基因表达显著降低 db/db 小鼠中血糖与血液甘油三酯水平。Na Xu 等通过体外研究发现,与红茶、绿茶等其他茶类比较,黄大茶抑制前脂肪细胞 3T3-L1 的分化最显著;后利用动物模型实验证实,黄大茶治疗 12 周后,可显著降低小鼠体重、肝质量和脂肪组织质量,降低血清胰岛素和瘦素水平,升高血清脂联素水平。黄大茶还可通过降低巨噬细胞浸润改善组织慢性炎症,从而达到降脂作用。

(3)降高尿酸:Chuang Zhu 等以不同剂量绿茶和红茶提取物灌胃小鼠,发现绿茶和红茶提取物可显著降低模型小鼠血浆中尿酸(UA)、尿素氮(BUN)和肌酐(Cr)水平,两者对高尿酸血症小鼠均有降低尿酸和肾保护作用;在此基础上,进一步发现,EGCG 同样具有抗高尿酸的功能效应,可下调高尿酸血症小鼠肾内葡萄糖转运蛋白 9（glucose transporter 9，GLUT9）和尿酸转运蛋白 1（uric acid transporter 1，URAT1）mRNA 表达水平，从而降低小鼠血清尿酸（UA）水平，揭示 EGCG 是绿茶和红茶降低高尿酸血症的物质基础之一。

3. 茶与心血管疾病 心血管疾病的发病率和死亡率都很高，属于全球性公共卫生问题。流行病学研究显示，长期规律饮茶人群的心血管疾病死亡率显著低于普通人群。此外，大量的体外和体内实验研究表明，茶叶及其生物活性化合物对心血管疾病具有有效的保护作用。常见的心血管疾病包括冠心病、中风、高血压性心脏病、风湿性心脏病、心房颤动以及周围血管阻塞性疾病等。

（1）降血压：在东亚和西方国家，通过饮茶来降低血压在人类人口研究中都有报道。近年来，多篇系统性 meta 分析研究结果表明，饮用绿茶可显著降低收缩压和舒张压。Maria A. Potenza 等研究表明，EGCG 可改善自发性高血压大鼠（SHR）的内皮功能和胰岛素敏感性，降低血压并防止心肌损伤，其部分原因可能是 EGCG 通过 PI3K 依赖的途径刺激内皮细胞产生一氧化氮的急性作用，以及模拟或增强胰岛素的代谢和血管舒张作用的能力。

（2）冠心病：一项流行病学研究对 6 508 名不同种族的参与者进行了调查，发现饮茶可以有效降低心血管疾病的发病概率，多酚和咖啡碱可改善血管内皮细胞功能、扩张血管、降低血压，从而预防心血管疾病。动物实验表明，茶、儿茶素、咖啡碱和茶多糖可以降低血清中胆固醇和甘油三酯水平，预防冠心病的发生。一项对 17 项指标进行观察性研究的综合分析发现，每天喝 3 杯茶与不喝茶相比，心肌梗死的发病率降低了 11%。在 60 岁人群中，连续饮茶 3 年以上者，冠心病发病率比无饮茶习惯者降低 1/2。

4. 茶与神经系统疾病 神经系统疾病主要包括偏头痛、眩晕、失眠、神经衰弱、老年性痴呆、抑郁等。如今，社会压力增大，由此引发的心理疾病日益被关注。已有多项实验研究表明,茶及其特征性化合物对情绪、认知、神经功能等方面具有改善作用。

（1）舒缓情绪：绿茶所含 L- 茶氨酸和咖啡碱已被证明可以减轻精神和身体压力,并改善记忆功能,对人的认知和情绪有一定益处。Cui Yin 等采用小鼠强迫游泳实验、悬尾实验、旷场实验和利血平实验研究了 L- 茶氨酸的抗抑郁作用,结果表明,L- 茶氨酸在小鼠体内具有较好的抗抑郁作用,其作用机制可能是通过中枢单胺能神经递质系统介导。Ai Yoto 等观察了口服 L- 茶氨酸或咖啡碱对人体在生理和心理应激条件下的心智作业成绩和生理活动的影响,分析得出服用 L- 茶氨酸有助于缓解正常人群产生的焦虑情绪,还能减轻高应激反应所致成人血压升高的结论。一项双盲、安慰剂对照的交叉研究中,Andrew Scholey 等调查了黄酮类表没食子儿茶素没食子酸酯（EGCG）是否能调节大脑活动和自我报告的情绪,结果表明,服用 EGCG 具有显著的镇静作用,缓解了压力,提高了脑电图中 α、β 和 θ 波的整体活动。

（2）提高认知能力：Rafael De la Torre 等发现,EGCG 是一种双底物特异性酪氨酸磷酸化调节激酶 A（DYRK1A）抑制剂,可改善节段性三体（Ts65Dn）和在三体或二体遗传背景下过度表达 Dyrk1A 的转基因小鼠的认知缺陷；唐氏综合征患者在 12 周内每天口服 EGCG 后,患者的视觉记忆和识别能力显著提高。另一项实验使用斯特鲁色词法测验志愿者的认知能力,发现服用 L- 茶氨酸（50mg）的受试人群错误率显著低于服用咖啡碱（75mg）+L- 茶氨酸（50mg）的人群。

（3）神经保护：茶氨酸可与中枢神经系统中主要神经递质谷氨酸的离子型受体（NMDA、AMPA、KA）结合,从而减轻神经元大量释放谷氨酸导致的兴奋性神经毒性。Takami Kakuda 等观察了谷氨酰胺（茶氨酸）对沙土鼠海马 CA1 区缺血性迟发性神经元死亡的保护作用,研究发现,茶氨酸预处理后的大鼠海马 CA1 区缺血诱导的神经元死亡明显减少,且呈剂量依赖关系。EGCG 可以清除小鼠体内自由基,并调节内源性抗氧化剂(GSH、SOD、CAT)的活性,从而减轻氧化应激引起的神经元损伤。

5. 茶的其他功效 饮茶一方面为人体补充水分,另一方面茶汤中的茶多酚、氨基酸等化合物可与口中唾液反应,产生清凉之感,并促进唾液的分泌。茶叶中的茶氨酸能够有效预防高温引起的小鼠热应激反应,以起到清热解暑的功效。除此之外,目前国内外已经有大量研究证明,茶叶及其活性成分能够加速口腔溃疡面愈合,预防常见的慢性牙周炎、龋齿和口腔癌,抵御炎症肝损伤、调节炎症,保护胃肠道黏膜、促进胃肠道蠕动、改善胃肠道菌群结构,促进骨形成、抑制骨吸收以促进骨骼健康。茶叶及其特征成分现已用于外用药的合成。2006 年 10 月,FDA 批准的第一个植物药 Veregen™,其药效成分为茶多酚(儿茶素 85%~95%)。该制剂主要用于 18 岁及以上成人患者外生殖器和肛周疣(尖锐湿疣,HPV 引起)的局部治疗。

在长期进行茶叶生物化学和健康功能的研究过程中,我们积累了大量的生物化学信息。我们将这些信息整合编辑,建立了涉及茶叶化学结构、健康功能以及基因组和生物信息学的三大数据库。

(1)茶叶代谢物数据库:安徽农业大学茶树生物学与资源利用国家重点实验室成功建立茶叶化学成分数据库,涵盖了近 1 000 种茶叶代谢物的结构信息,包括光谱学特征、高分辨质谱信息、核磁共振波谱学数据。

(2)茶叶化学成分与健康功能数据库:安徽农业大学茶树生物学与资源利用国家重点实验室与美国罗格斯大学 Chi-tang Ho 教授合作,通过对已发表文献的大数据分析,建立了茶叶中 497 种活性成分与 206 种疾病相关联的数据库。

(3)茶树基因组与生物信息学平台:安徽农业大学茶树生物

学与资源利用国家重点实验室成功构建茶树基因组学与生物信息学分析平台。该平台集成了多种生物信息学工具（如功能富集分析、相关性分析、分子标记开发、引物设计、序列比对等），有助于研究者快速检索以及深度挖掘数据库中丰富的组学数据并实现可视化。

在健全的数据库的帮助下，我们对茶树的生物化学和健康研究定能更加便捷和深入。

浅议茶性的相对性

韩碧群　彭　勇

　　笔者认为"绿茶性寒,乌龙性平,红茶和黑茶性温"过于武断。茶性随着工艺、适当储存、产地及生境、饮用方式及用量的不同会有所改变。本文通过文献学的方法及市场调查,就本草文献中对茶性及功效的记载、茶的临床应用及民间经验、影响茶性的因素等进行综述和探讨,旨在对茶的生产及应用提供参考。

　　对于茶性,业界一直有个说法是"绿茶性寒,乌龙性平,红茶和黑茶性温"。中国传统本草中将药物性质分为寒凉温热四气,指中药所具有的可对人体产生调节作用的特有属性。而茶最早的应用也是药用。茶的起源传说"神农尝百草,日遇七十二毒,得茶而解之",这里茶也是作为一种解药存在。饮茶发源于古代巴蜀地区,随着秦朝统一,这一习俗才慢慢向全国扩散[1]。

　　茶在历代本草中也常以药的形式存在,而对于茶性的描述,多以寒凉为主。直至宋代《本草图经》[2]才有茶性温的描述。随着制茶工艺的不断完善,六大茶类在清代以后完全形成,而清代赵学敏的《本草纲目拾遗》[3]中有多处"茶性温"的描述。

　　但是在实际应用中,茶性寒热有一定复杂性。本文就对茶性该如何定义,而实际应用中又该如何取舍进行探讨,期望对茶的生产及使用提供参考。

　　本研究采用文献学的方法,以"茶""绿茶""白茶""黄茶""乌龙茶""红茶""黑茶""武夷茶""茯砖""普洱茶"为关键词,通过中国知网查找文献资料,检索茶性、功效、临床、经验等相关内容,并考证了《本草纲目拾遗》及《茶谱》等记载茶性温的古籍。本研究侧重于对茶或茶汤的整体研究,以茶的提取物为辅助研究,而茶和其他药物的联用则不在研究范围。市场调查以询问加自述的方式,调查饮用人群对茶的饮用体验及应用经验,重点询问对茶性的认知。

1. 历代本草文献对茶性的探讨 历代本草文献所载 159 条茶性相关内容中,言茶性寒凉者 144 条(90.57%),言茶性温热者 15 条(9.43%)。温性茶只有蒙顶茶、武夷茶、普洱茶、安化茶、泸茶 5 种[4]。

宋代以前的本草皆言茶性寒。我国首部茶学专著《茶经》[5]云:"茶之为用,味至寒。"

宋代以后,本草中开始有茶性温的记载。《茶谱》[6]中对温性茶的记载更早一些,始于五代。但是对于武夷茶存在性温[3,7]和性寒[8~10]的争议;普洱茶也存在性温[3,11]及性寒[9,12]的争议;安化茶也存在性温[3]及性寒[9]的争议。而蒙山茶是否是山茶科山茶属的茶[2,6,13](还是一种苔藓类植物[14,15]) 也存在争议。泸茶从《茶谱》[6]记录的树型及采制来看,与现今的茶有很大差异。

2. 历代本草文献对茶的功效的记载 奚茜[4]等采用文献学方法分析了茶在历代本草中的功效,将其总结为:《本草经集注》最早记载茶叶功效,历代有 129 部本草文献记载茶叶的功效,其中以解渴(100)、消食(95)、祛痰(93)、解热(93)、清头目(82)、利小便(80)、醒睡(78)、下气(74)、治瘘疮(60)最为常见。明清时期,对不同类茶叶功效的差异有所认识,总体而言各类茶的功效差异不大,但"普洱"善清油腻、"武夷"善消食记载较多。

唐宋以前的制茶工艺均以绿茶为主。明代以后开始有了黄茶、黑茶、白茶的制作。清代以后,红茶、青茶在内的六大茶类的制茶工艺才发展完善。所以,将清代文献中对于茶的功效的描述特列如下[4]:考证的 71 种文献,茶的功效及其频次为解渴(56)、消食(55)、解热(54)、祛痰(52)、清头目(51)、利小便(44)、醒睡(40)、下气（36）、治瘘疮（32）、悦志（22）、利大肠（19）、解酒（15）、利小肠（9）、除瘴气（8）、涌吐（4）、清心肺（3）、益精气（2）、止泻（2）、利湿（2）、清咽喉（1）、固齿（1）、消瘕（1）、祛风（1）。

历代本草中对茶的功效记载几乎都指向热证。即使清代以后，六大茶类已经形成，除了泸茶[3]味辛性热，饮之可以疗风，似指向寒证外，其余功效仍指向热证。从"寒者热之，热者寒之"的治疗原则来看，历代本草中使用的几乎都是茶的寒性。

3. 茶的临床应用 目前，茶的临床研究主要集中在绿茶、乌龙茶、黄茶、黑茶。

（1）绿茶：固齿、免疫调节、降血脂等。

如绿茶漱口对糖尿病患者种植修复后种植体周围炎的发生具有一定预防作用[16]。绿茶含漱对正畸治疗中出现的釉质脱矿具有一定程度的预防效果[17]。在大剂量顺铂化疗的同时饮用绿茶可显著减轻其对肾的毒性[18]。肾病综合征患者在激素治疗的同时辅用绿茶，可以提高临床治疗效果，减轻副作用、减少复发[19]。绿茶提取物可降低老年高脂血症患者血清 TC、LDL-C 和 BMI[20]。

（2）乌龙茶：降脂、降压、美容、抗衰老、活血化瘀等。

乌龙茶具有明显减轻体重、减小腹围和减少腹皮下脂肪的作用[21]。乌龙茶具有一定的降脂和抗动脉粥样硬化作用。福建乌龙茶有一定的抗动脉硬化作用，有降低收缩压和舒张压的降压作用[22]；可改善中医脾虚、肾虚的衰老见证，全面提高 SOD 活性、T 淋巴细胞亚群数和自然杀伤（NK）细胞的抗衰老作用，有调节面部皮肤脂质和保水率的美容作用[23]。乌龙茶有降低血液黏度，防止红细胞聚集，显著降低血细胞比容及显著抗凝溶栓作用[24,25]。

（3）黑茶：调节血脂、调节血糖等。

黑茶可降低血胆固醇、甘油三酯，并能降低脂质过氧化物（LPO）的活性[26]。普洱熟茶标准提取物普洱熟茶片能够降低糖尿病患者空腹血糖水平,尤其对空腹血糖损伤患者及空腹血糖≥11.1mmol/L的患者具有明显降血糖作用[27]。

（4）茶多酚

有较多将茶多酚及茶色素用于临床的报道[28~36],主要集中在调节血糖、血脂、血压、免疫,治疗脂肪肝、心血管疾病、胃炎、胃溃疡、皮肤病等。

目前,单纯茶的临床研究较少,茶的提取物或联合用药的研究较多。现代临床研究方向与本草中对茶的功效的描述既有一致性又有重心的转移。如本草中出现频率最高的解渴、消食、解热、祛痰、清头目、利小便、醒睡等功效,在现代临床中对解渴、祛痰、清头目等功效有所运用,但对消食、解热、利小便、醒睡等功效较少运用。而现代临床所关注的补元气、固齿、消瘀、利湿等功效,在本草中出现的频率较少。原因可能与茶类的完善较晚,在很长时期内茶仅以绿茶的形式存在有关。而现代临床研究中,除了绿茶外,乌龙茶和黑茶也是研究的重点茶类。也有可能与现代疾病谱的改变有关。

4. 茶的民间应用经验　通过市场调查,辅以文献研究,将民间对茶的饮用经验进行记录和分析。具体如下:

（1）绿茶可解毒:对于长期抽烟或长期接触有毒物质的人来说,会主动选择大量饮用绿茶来平衡。但也有人反映,饮用绿茶以后会出现胃部不适,甚至腹泻,尤以女性居多。新炒制的绿茶多饮会上火。

研究表明,绿茶对铅引起的器官损伤小鼠,有良好排铅作用[37];对黄曲霉毒 B_1 致大鼠肝癌具有抑制作用[38];有抗烟毒作用[39]。

（2）白茶可治疗风火牙痛及咽喉肿痛:煮饮老白茶具有良好的散寒发汗效果,可以治感冒初起并可退热。白茶性温和,尤其是煮老白茶,鲜见不适反应。

（3）岩茶可发热发汗:对于自觉畏寒时有较好效果,但不常饮用者容易出现"茶醉"现象,且过量饮用也有胃部不适。

（4）清香型铁观音:清香型铁观音曾是工夫茶市场的主流,但反映饮用后有胃部不适的人较多,如长期饮用肠胃的敏感度会加重,直到"喝不动"了。

（5）焙火茶:对于焙火茶,如没有经"退火"过程,饮用后可能会出现"上火"现象。

（6）红茶:红茶茶性温和,饮用后鲜有胃部不适,但如果本就因过量饮茶出现胃部不适,则饮红茶不能"养胃",反而会加重不适。有部分人群饮红茶后不仅不会提神反而会"想睡觉"。有部分人饮红茶会"上火"。现代研究表明,红茶对小鼠具有明显镇静作用[40]。

（7）普洱茶:普洱生茶"刮油"的作用很强,有人自行饮用普洱生茶治疗轻度脂肪肝有效。普洱熟茶的茶性温和,鲜有人饮用以后胃部不适,但有部分人群不适应其"渥堆"味,反而会感到胃部不适。普洱熟茶的新茶会让素体燥热的人感到敏感。煮饮老茯砖可治痛经,解酒;对于腹泻,不论急性暴泻还是慢性久泻,均可饮用。

研究表明,普洱茶能有效抑制高脂饮食诱发脂质过氧化反应对SD大鼠肝组织的损伤,对非酒精性脂肪肝有明显保护作用[41]。普洱茶具有调节血脂水平的作用,而且普洱熟茶预防脂肪肝的效果更明显[42]。黑茶能够优化肠道内的菌群结构,且能够调节肠道内的菌群结构趋于多样性,从而使肠道微生态系统更加健康稳定,维持机体健康[43]。

从茶的民间饮用经验来看,对于茶性寒凉的说法主要来自对胃部的刺激。而茶确实也能应对很多"热证",如咽喉肿痛、风火牙痛、发热等。但茶也能应对一些"寒证",如发汗散寒、治疗感冒初起、治疗痛经等。我们认为,"温性"的茶,如岩茶、红茶、茯砖等过量饮用或本身就已经为茶所伤时,仍然会对肠胃产生刺激;经过焙火、发酵、渥堆及高温炒制、高温干燥的茶,需经过一段时间"退火",否则敏感的人会"上火"

本草文献中对茶性的记载以寒凉为主,偶见性温热。而临床中对于"寒性"的绿茶,"平性"的乌龙茶,"温性"的黑茶均有应用。民间饮用经验更是寒热并重,错综复杂。陈勇[44]等在《论中药四气之相对性》中指出:"由于药物四气的确定标准不一,药物所治病证有异,其功效亦有多、寡之殊,且有炮制、配伍以及剂型剂量之不同等诸多因素,故古今本草各药条下标注的寒温药性常存在分歧。"茶亦如此。对于茶性的影响,笔者认为主要有以下几个方面:工艺、适当储存、产地及生境、饮用方式及用量。

5. 其他

(1)工艺:工艺对茶性的影响,在《本草纲目拾遗》[3]中有所记载:"罗,炭火焙过,扇冷,味甘,气香,性平。""江西片,大叶多梗,但生晒不经火气,枪叶舒畅,生鲜可爱,其性最消导。味苦,性刻利,消宿食,降火利痰。虚人禁用,以其能峻伐生气。"根据制作工艺及氧化程度的不同,茶分为绿、白、黄、青(乌龙)、红、黑六大类。从绿至红,主要是茶多酚的氧化程度逐渐加深,逐渐转化为茶黄素、茶红素为主的茶色素。而后发酵的黑茶含有大量的茶褐素。茶多酚中苦涩类的酯型儿茶素是造成茶汤"苦寒"的重要成分,而随着发酵程度的加深,酯型儿茶素的含量降低,茶的"苦寒"之性减弱。为此,有人建议在实际应用中直接按茶汤的色泽明确茶性,以清绿为主的即性"寒",以红浓为主的即性"温"。这样的方式对初饮者有一定参考意义,但过于武断。

但是,工艺确实是可以改变茶的茶性的。如贾天柱[45]梳理了中药炮制技术和理论的形成及发展,提出了药性变化理论,指出"药以治病,因性为能,性之所存,药之固有……药性之太过或不及,均可炮以制之……促药性之变,应临床之需",明确指出炮制可以改变中药药性,以更好地适应临床需求。对于六大茶类的产生,很多传说及推测都指向制茶的"失误"或"意外",但是从茶性的改变来说,笔者更倾向于我国先民的"有意为之"。对于茶这种嗜好品,若能缓其"苦寒伐胃"之性,适合更多人享用,岂不快哉。

（2）储存:《本草纲目拾遗》[3]中多处提到对经储存后的陈茶的应用。如"产杭之龙井……三年外陈者入药,清咽喉,明目,补元气,益心神,通七窍,性寒而不烈,以其味甘益土,消而不峻。""六安茶,张处士逢原云:此茶能清骨髓中浮热,陈久者良……金银花拣净七两,六安茶真正多年陈者三两,共为粗末……终身不出天花。……治伤风咳嗽……陈细六安茶一斤……"

现代研究也表明,储存会影响茶的功效成分。对茶的成分的现代研究发现,随着存放年限的增加,白茶中出现了 7 个 N- 乙基 -2- 吡咯烷酮取代的黄烷醇类,且其生成量与白茶贮藏时间成正比[46]。17 年份的青砖茶多糖溶液及其乳液的抗氧化性优于 14 年份的青砖茶多糖。随贮藏年份的增长,青砖茶在储存过程中,游离氨基酸、可溶性糖、酯型儿茶素（EGCG 和 ECG）、非酯型儿茶素（EC 和 C）的含量均随着储存年份的增长呈现降低趋势,没食子酸（GA）的含量则呈现上升趋势[47]。普洱茶晒青毛茶和陈香茶中可溶性糖的保留量与储存时间成反比。普洱茶陈化过程中,茶色素变化的总趋势是茶红素、茶黄素含量显著下降,茶褐素大量积累。普洱茶中游离氨基酸总量、儿茶素、茶多酚含量减少,没食子酸含量增加,咖啡碱含量先减少后增加[48]。陈年单丛茶的茶多酚、儿茶素和游离氨基酸含量均低于新鲜茶样,水浸出物、可溶性总糖、没食子酸和茶黄素含量均高于新鲜茶样,而各茶样在咖啡碱含量上未表现出显著差异[49]。

（3）产地及生境:中药自古讲究道地性,"土地所出,真伪陈新,并各有法","诸药所生,皆有境界"。茶亦如此,早在《茶经》[5]中就有"野者上""园者次""阳崖阴林,紫者上,绿者次"和"阴山坡谷者,不堪采掇,性凝滞,结瘕疾"的记载。《本草纲目拾遗》[3]载:

"水沙连茶……在深山中,众木蔽亏,雾露蒙密,晨曦晚照,总不能及……性极寒,疗热症最效,能发痘。"

王惠等[50]归纳总结了不同生境植物药性及功效特点,认为药性的寒热与生境具有相关性。史红专等[51]探讨了中药寒热药性与其基原植物生境光照条件的相关性,提出了"光照 - 寒热药性"假说。现代研究也表明,茶中的内含物质与光照强度及温度之间具有相关性,主要体现在酚氨比上。

(4)冲泡方法与用量:《本草纲目拾遗》[3]载:"安化茶,出湖南,粗梗大叶,须以水煎,或滚汤冲入壶内,再以火温之,始出味,其色浓黑,味苦中带甘,食之清神和胃。"实际应用中也有煮饮老白茶或老茯砖应对"寒证"的方法。黄清杰等[52]提出"久煎助温"的理论假说,为中药汤剂煎服及中药临床合理应用提供了一定的理论参考。

余泽恩等[53]研究发现,绿茶"陕茶1号"在相同条件下不同品质成分溶出速率的顺序为氨基酸 > 咖啡碱 > 非酯型儿茶素 > 酯型儿茶素,对咖啡碱、酯型儿茶素和主要氨基酸溶出率的影响因素排序为时间 > 水温 > 茶水比,对 EC 溶出率影响的大小依次为水温 > 时间 > 茶水比。如果不想摄入太多咖啡碱,喝绿茶时可以尽量缩短茶叶冲泡时间或只喝第一至第二泡。若想发挥 EGCG 等酯型儿茶素的抗氧化、防辐射等功效,需要较高的水温和较长的冲泡时间。在茶叶冲泡时,如果想摄入较多的氨基酸而少摄入咖啡碱,以达到保护神经、缓解压力、改善睡眠和抗焦虑等功效,在冲泡时可以尽量缩短茶叶冲泡时间,增加茶氨酸与咖啡碱的溶出比,发挥茶氨酸的功效而避免咖啡碱的副作用。

张冬英等[54]探究了不同冲泡条件下红茶中主要影响睡眠成分的溶出规律,得出相同的条件下氨基酸的溶出率大于咖啡碱,对品质成分溶出率的影响因素排序为时间 > 水温 > 茶水比。对于需要利用咖啡碱提神的消费者,可选择高水温、长时间冲泡;而对于想避开咖啡碱、利用氨基酸助眠的消费者,可选择较低水温(80℃以内)、短时间冲泡红茶。

陈思齐等[55]结合中医阴阳理论,发现若外感风寒,身体初不适,可以适当饮一些肉桂茶,即可自愈。但过饮会造成人体腠理开泄过度,反而容易感染风寒外邪。

茶性的相对性受到很多因素的影响。茶性本寒,但是加工工艺、适当储存、产地及生境、饮用方式及剂量等都会影响茶性的强弱甚至寒热。早在《本草纲目拾遗》中就对不同加工、适当储存、饮用方法对茶性及功效的影响有所认知。然而,这方面的现代研究仍然较少,主要集中在工艺及储存对茶中功效成分的改变及不同冲泡方法对茶中功效成分溶出的影响,对于产地及生境涉及较少。

6. 讨论 茶性本寒,这在历代本草中均有认识。现存最早记载茶的《神农本草经》言其"味苦寒"。最早的茶学专著《茶经》言其"味至寒"。但随着茶作为饮品的推广,茶文化的深入及采制、储存、饮用等方式的变迁,对于茶性的认识开始有了不同的看法。一方面,茶性的相对性受到诸如工艺、产地及生境、储存、饮用方式及剂量等的影响。在六大茶类完全形成以后成书的《本草纲目拾遗》对此有着较早认识。另一方面,在实际使用中,对茶性的标定标准也影响对茶性的判断。不同茶类的功效有所不同,但是或多或少都对胃肠有刺激。就对胃肠刺激的不良反应而言,茶性寒。但是就不同茶类的不同功效而言,有的茶性温。

笔者认为,一概以"绿茶性寒,乌龙性平,红茶和黑茶性温"来认识茶性是很武断的,而以此来对应四季养生或体质调理则更是武断。

对于饮食不规律、熬夜、压力大的现代人来说,脾胃虚弱已经是普遍现象。饮茶作为现代人选择的养生方式,很多人对茶的"寒气"又有所顾虑。在我国茶叶年产量达 261 万吨、年消费量达 191.1 万吨的今天,通过有目的地生产出茶性更加温和的茶叶,并且选择更好的饮茶方式,才能让饮茶"可持续发展"。对此,在工艺上可以在各个环节通过"加火助热"的方式来达到茶性的温和,如杀青杀透、提高干燥温度、焙火等;或"久郁化火"的方式来促使茶性转化,如闷黄、发酵、渥堆等。并且注重茶园管理,尤其是对光照及温度的选择。此外,还应关注茶性在储存及使用过程中的变化。如适当存放会让本是热性的茶性趋于平和,不会上火;也会让本是寒性的茶性趋于平和,不会刺激肠胃。而不同的品饮方式如泡饮、煮饮,甚至如宋代"点茶"一样连茶饮用,也会影响茶性。

茶是世界三大无酒精饮料之一,被誉为最健康的饮品。但是饮茶不当之害,我国先民早有认知,如唐代《本草拾遗》[56]就有记载"冷则聚痰",陈故者"动风发气";宋代《本草图经》[3]载"过多则致疾病";清代《务中药性》[57]载"胃寒之人宜少饮"。这些论述提到了饮茶的方式与用量,提到了适当的制作及储存的重要性,提到了茶对胃的刺激性。这些都是实际应用中得出的宝贵经验,也为今人所实践。

在大肆提倡饮茶的今天,更需要我们正视不当制茶的弊端,正视不当饮茶的不良反应。

认识茶性的相对性,制作出更适合现代人长期饮用的茶,传播茶文化知识,教会更多人正确饮茶,才能让茶在世界走得更广、更远!

参考文献

[1] 刘馨秋,朱世桂,王思明.茶的起源及饮茶习俗的全球化[J].农业考古,2015(5):16-21.

[2] 苏颂.本草图经[M].尚志钧,辑校.合肥:安徽科学技术出版社,1994:370.

［3］赵学敏.本草纲目拾遗［M］.北京：中国中医药出版社，2007：207.

［4］奚茜.茶性、茶效与茶用的文献研究［D］.北京：北京中医药大学，2017.

［5］陆羽.茶经［M］.宋一明，译注.上海：上海古籍出版社，2009：7.

［6］毛文锡.茶谱［M］//方健.中国茶书全集校证.郑州：中州古籍出版社，2015：229.

［7］董天工.武夷山志［M］//中国文化研究会.中国本草全书（299）.北京：华夏出版社，1999：317.

［8］叶大椿.痘学真传［M］//中国文化研究会.中国本草全书（299）.北京：华夏出版社，1999：424.

［9］叶桂.本草再新［M］//中国文化研究会.中国本草全书（299）.北京：华夏出版社，1999：495.

［10］钱俊华.本草害利评按［M］.北京：中国中医药出版社，2013：83-84.

［11］汪灏.御定佩文斋广群芳谱［M］//中国文化研究会.中国本草全书（299）.北京：华夏出版社，1999：249.

［12］张璐.本经逢原［M］.太原：山西科学技术出版社，2015：195.

［13］唐慎微.证类本草［M］.郭君双等，校注.北京：中国医药科技出版社，2011：425.

［14］李时珍.本草纲目［M］.王育杰，整理.北京：人民卫生出版社，2004：1535.

［15］陈嘉谟.本草蒙筌［M］.陆拯，赵法新，校点.北京：中国中医药出版社，2013：146.

［16］王颖琦，孙艳芳，李春娥，等.绿茶漱口预防糖尿病患者种植体周围炎的临床研究［J］.世界最新医学信息文摘，2018，18（18）：1-2，9.

［17］张卓然，李琳琳，惠光艳，等.绿茶含漱预防正畸治疗中釉质脱矿的临床评价［J］.中国疗养医学，2016，25（5）：518-520.

［18］田同荣.饮绿茶预防顺铂所致肾毒性的临床观察［J］.护理学杂志，2006，21（5）：35-36.

［19］黄煜华，张素珍.饮用绿茶对原发性肾病综合症食疗效果的临床分析［J］.医学信息（中旬刊），2010，5（10）：2802-2803.

［20］袁跃彬，陈公超，俞顺章.绿茶提取物降低老年血脂和体质量指数的临床试验研究［J］.实用老年医学，2006，20（3）：195-197.

［21］陈文岳，林炳辉，陈玲，等.福建乌龙茶治疗单纯性肥胖症的临床研究

［J］.中国茶叶,1998(1):21-22.

［22］陈文岳,林炳辉,陈玲,等.福建乌龙茶绿茶的临床降压调脂作用［J］.中国茶叶,1997(1):32-33.

［23］陈玲,林炳辉,陈文岳,等.福建乌龙茶防病保健作用的临床研究［J］.茶叶科学,2002,22(1):75-78.

［24］阮景绰,汪培清,冯亚,等.乌龙茶对心血管疾病血液流变学影响的临床观察［J］.卫生研究,2011,40(6):805-808.

［25］阮景绰,汪培清,冯亚,等.乌龙茶对心血管疾病血液流变学影响的临床观察——乌龙茶药效作用的研究(Ⅰ)［J］.福建茶叶,1984(3):4-6.

［26］翟所强,顾瑞,仇春燕,等.黑茶对老年人血脂和听力影响的临床观察［J］.听力学及言语疾病杂志,1994(1):22-23.

［27］李捷,吉俊翠,李修宇,等.普洱熟茶片调节血糖的临床观察［J］.云南中医学院学报,2009,32(2):47-48,54.

［28］赵欣.黄茶的HT-29人体结肠癌细胞的体外抗癌效果［N］.北京联合大学学报(自然科学版),2009,23(3):11-13.

［29］陈士军,竹剑平.茶多酚降血糖作用临床观察［J］.现代中西医结合杂志,2006,15(10):1309-1310.

［30］李云开,王汉民.茶色素治疗高脂血症132例临床观察［J］.上海医药,1999,20(10):26-27.

［31］王彩华.茶色素治疗高血压病高粘血症的临床观察［J］.实用中医药杂志,1998,14(1):44-45.

［32］闫小雪,袁红霞,雒名池.茶色素治疗胃癌前期病变临床观察［J］.天津医科大学学报,2001,7(2):268-270.

［33］徐惠祥,武子华.茶色素治疗脂肪肝38例疗效观察［J］.黑龙江中医药,1999(3):30.

［34］严海密,孙斌,胡佩琪,等.茶色素治疗消化性溃疡临床疗效观察［J］.胃肠病学和肝病学杂志,2000,9(4):279-280.

［35］蔡新民,刘如良,袁秀琴,等.茶色素对放疗化疗病人升白作用的临床观察［J］.山西医药杂志,1998,27(3):252-253.

［36］侯丽,富琦,张雅月,等.茶多酚抑制晚期非小细胞肺癌新生血管生成的临床研究［C］//中华中医药学会.发挥中医优势,注重转化医学——2013年全国中医肿瘤学术年会论文汇编.北京:中华中医药学会,2013.

[37] 曹雪娇.绿茶排铅作用及组织保护机制的初步研究[D].大连:大连医科大学,2014.

[38] 严瑞琪,覃国忠,陈志英,等.绿茶对黄曲霉毒 B_1 致大鼠肝癌作用的抑制[J].癌症,1987(2):83-87.

[39] 邓伟明,王景丽,刘晋权.几种中草药及绿茶抗烟毒作用的研究[J].中国民族医药杂志,2009,15(1):30-32.

[40] 徐欢欢,尹丹,刘提提,等.不同红茶中主要氨基酸含量及其对小鼠自主活动的影响研究[J].食品工业科技,2017,38(17):300-304.

[41] 侯艳,肖蓉,徐昆龙,等.普洱茶对非酒精性脂肪肝保护作用[J].中国公共卫生,2009,25(12):1445-1447.

[42] 江新凤,邵宛芳,刘彩霞,等.普洱茶调节高脂血症大鼠血脂水平的研究[J].蚕桑茶叶通讯,2013(2):29-32.

[43] 李丹.黑茶对肠道菌群的调节作用研究[D].广州:华南农业大学,2016.

[44] 陈勇,杨敏,闵志强,等.论中药四气之相对性[J].四川中医,2018,36(1):45-48.

[45] 贾天柱.中药炮制药性变化论[J].中成药,2019,41(2):470-471.

[46] 解东超,戴伟东,林智,等.年份白茶中 EPSF 类成分研究进展[J].中国茶叶,2019,41(3):7-10.

[47] 杜晓琳.不同年份青砖茶多糖抗氧化性及其乳化稳定性研究[D].武汉:湖北工业大学,2019.

[48] 张绍旺,段凤敏,孙力元,等.普洱茶专业仓储醇化研究现状及发展趋势[J].安徽农业科学,2018,46(34):8-10.

[49] 段雪菲.不同储存年限单丛茶的减肥作用及机制研究[D].广州:华南理工大学,2018.

[50] 王惠,贾建昌.古文献对中药药性与生长环境的认识[J].中药与临床,2018,9(1):39-40.

[51] 史红专,严晓芦,郭巧生,等.中药寒热药性与其基原植物生境光照条件相关性分析[J].中国中药杂志,2018,43(10):2032-2037.

[52] 黄清杰,李喜香,李季文.浅议加热对中药寒热药性的影响[J].新中医,2019,51(9):310-312.

[53] 余泽恩,丁仕华,梁青青,等.绿茶"陕茶1号"中主要品质成分的溶出

　　规律研究[J].西南农业学报,2018,31(8):1682-1688.

[54]张冬英,梁青青,刘帆,等.红茶中主要影响睡眠成分的溶出规律研究
　　[J].西南农业学报,2019,32(4):816-822.

[55]陈思齐,陈泽楠.中医阴阳理论影响下的武夷肉桂[J].福建茶叶,
　　2014,36(2):53-55.

[56]陈藏器.本草拾遗[M].尚志钧,辑释.合肥:安徽科学技术出版社,
　　2002:385.

[57]何本立.务中药性[M]//刘炳凡,周绍明.湖湘名医典籍精华:本草
　　卷.长沙:湖南科学技术出版社,1999:431.

《茶经》中的哲学思想与文化传承

王泽平　　刘龙涛

唐代陆羽被后人尊称为"茶圣"，其所著传世经典《茶经》在我国茶文化中具有不可替代的重要地位。《茶经》不仅系统全面地记载了茶学知识，也向后人展示了茶文化中所蕴含的哲学思想。了解《茶经》的成书背景及陆羽生平，对于研究《茶经》的哲学思想与文化传承具有重要意义。

（一）《茶经》其书

《茶经》是中国乃至世界现存最早、最全面介绍茶的专著，系统总结了唐代及以前的茶叶采制和饮用经验，全面论述了有关茶叶的历史源流、生产技术、饮茶技艺及茶道原理等各方面内容。《茶经》传播了茶业科学知识，促进了茶叶生产的发展，开中国茶文化先河，不仅是一部关于茶叶划时代的农学专著，更是一部阐述茶文化的经典专著。

《茶经》成书于德宗建中元年（780），分为三卷十节，约7 000字。卷上：《一之源》记载茶的起源、性状、功用、名称、品质，《二之具》记载采茶制茶的用具，《三之造》记载茶的种类和采制方法；卷中：《四之器》记载煮茶、饮茶的器皿；卷下：《五之煮》记载烹茶方法和各地水质的品第，《六之饮》记载饮茶风俗，《七之事》记载古今有关茶的故事、产地和药效等，《八之出》记载唐代全国茶区的分布归纳，并谈各地所产茶叶的优劣，《九之略》记载采茶、制茶用具可依当时环境，省略某些用具，《十之图》教人用绢素写《茶经》以广泛传播茶知识与文化。

（二）陆羽生平

《茶经》的作者陆羽（733—804），字鸿渐，号竟陵子、桑苎翁、东冈子，又号"茶山御史"，唐代复州竟陵（今湖北天门）人，因《茶经》而闻名于世，被奉为"茶圣"，誉为"茶仙"，祀为"茶神"。他开启了一个茶的时代，为世界茶业发展作出了卓越贡献。

陆羽的一生极富传奇色彩。以《茶经》的成书过程为主线，大致可将陆羽的一生划分为3个阶段。

1. 识茶前期阶段　陆羽在幼儿时期即被遗弃于竟陵西湖之滨，被龙盖寺主持智积禅师拾得并抚养，禅师以《易》自筮卜卦，占得"渐"卦，卦辞曰"鸿渐于陆，其羽可用为仪，吉"，意为鸿鸟高高地飞落在高地之上，它的羽毛可以用来作为贺仪奠礼，为吉卦。故主持以卦象爻辞中的"陆"为其姓，"羽"为其名，字鸿渐，以期将其抚养为一名出色的僧人，但随着陆羽逐渐长大，其对于儒学的兴趣逐渐超过佛学，遂于743年（11岁）离开龙盖寺，混迹于伶党之间，甚至为伶党写出幽默诙谐的3篇喜剧。

746年，陆羽在一次表演中与竟陵太守李齐物相识。李齐物十分欣赏其才华与抱负，当即赠以诗书，并修书推荐他去隐居于火门山的雏夫子处学习儒学，后又与当时上流社会崔国辅相识，二者品茶鉴水，谈论诗文，相交甚密。

这一时期，陆羽并未为撰写《茶经》做正式准备，但他所受到的教育，尤其是佛家和儒家的熏陶，深刻地影响了《茶经》其书的文化内涵和哲学思想。同时，陆羽在这一时期所结交的朋友，尤其是上流社会阶层，为其后来考察研究以及刊刻图书均提供了重要帮助。

2. 考察研究阶段　玄宗年间，唐王朝发生了历史性的转折，安史之乱的爆发使唐王朝陷入困境，陆羽为避战乱而流落江南地区，也正式开启了他考察研究茶学的旅程。至德元年（756），陆羽在湖州与诗僧皎然成为忘年交。皎然是当时在禅学、茶学与诗歌领域都造诣深广的一位诗僧,在陆羽著书立说的过程中对陆羽具有重要影响。

此后,陆羽又先后游历浙江湖州、江西彭泽、邢州、越州、扬州等全国各地,勘察茶事,搜集与茶有关的资料与研究成果,如《四之器》中,将邢州与越州的瓷器加以比较说明,认为越州所产瓷器非常优秀;《八之出》中,将产茶之地和各地茶的质量按照等级加以评价,认为在浙东一带越州茶最佳。陆羽也曾品尝各地有名的泉水,将水质分为 20 个等级。大历五年(770),唐中央设贡茶基地(常州)与贡茶院(湖州),顾渚山下的金沙泉被指定为贡品,而顾渚山也成了陆羽研制茶具、茶器、制茶工艺的基地。

这一时期,陆羽又陆续结交颜真卿、张志和、皇甫曾等社会名流,游历全国考察茶事,周游途中可谓是逢山驻马采茶,遇泉下鞍品水,目不暇接,口不暇访,笔不暇录,锦囊满获。陆羽亦留心于茶器、茶具的制作,亲自制造风炉等制茶工具,经过不懈努力,终于为茶学的千古名著《茶经》积累了大量珍贵的一手资料。

3. 成书修订阶段 德宗建中元年(780),陆羽《茶经》成书后刊刻发行于世,成为世界上第一部茶学专著。书成之后,陆羽因茶名声大噪,晚年继续游历各处,考察茶事,著书立说。建中三年(782),陆羽在信州北地北山寺开辟茶园,继续茶事研究;贞元十二年(796),陆羽漫游至苏州虎丘山,建造陆羽楼并引虎丘泉水种植茶树;贞元二十年(804)冬,陆羽于湖州青塘别业离世,享年 72 岁,葬礼于杼山举行,陆羽传奇的一生至此结束。

《茶经》的初稿完成于永泰元年(765),但最终成书于德宗建中元年(780),由此,《茶经》成为世上最早的茶学专著,也是后世学习茶事的指南。尽管后世又出现《续茶经》《大观茶论》《茶录》等书,但无不深受陆羽《茶经》之典范的影响。陆羽的一生都以茶学与《茶经》为中心展开。陆羽著就了《茶经》,而《茶经》也成就了陆羽。

（三）茶文化的历史背景

茶文化的形成和发展历史非常悠久，之所以能够在唐代成就"茶圣"陆羽及其经典著作《茶经》，既有唐代以前茶学文化的传承积累，也有当时特定历史条件的推动作用。

1. 唐以前茶学文化的传承积累 《神农本草经》记载："神农尝百草，日遇七十二毒，得荼而解之。"据考证，这里的"荼"就是现在的"茶"。由此可知，从神农时代起，中国茶文化的历史至少已经有四五千年。

周代，茶已经作为贡品和礼品，发展出药用、食用、饮用等多种用途。《诗经》是我国现存最早的一部诗歌总集，主要反映了周代的社会风俗。《诗经·国风·邶风·谷风》中就有"谁谓荼苦，其甘如荠"的记载，也是关于茶最早而经典的描述。

秦汉三国时期，饮茶风俗在大一统的两代王朝统治下得到了进一步发展。从王褒的《僮约》中可以了解到，西汉时宫廷和上层社会盛行饮茶，因此这个时期种茶和茶叶的商品化也开始发展。《三国志·吴书·王楼贺韦华传》中甚至第一次出现"以茶代酒"的记载。

两晋南北朝时期，茶从贵重物品逐渐变为日用饮料，上茶作为士大夫阶层接待宾客的礼仪，他们把茶作为清廉、勤俭和修身养性的象征，这对后来陆羽及茶文化发展均有重要影响。

及至隋代，各阶层均饮茶，饮茶文化得到了大众化、普遍化的推广，直到唐王朝而达到顶峰。

2. 唐代茶学文化盛行的原因 ①经济与文化的稳定：茶文化从春秋时期经长时间发展至唐代已经初具规模，加之唐代经济文化高度发展，致使茶文化得到高速发展和广泛普及；②道教与佛教的盛行：佛教、道教，尤其是佛教，在唐代极度盛行，其中佛教禅宗又以饮茶作为风俗习惯，致使茶文化通过宗教得到快速普及；③贡茶的兴起：茶作为贡品由来已久，但是只有唐代时特别兴盛，甚至成立了专门的顾渚贡茶院，每年斥巨资管理贡茶；④科举制度与诗风蔓延：唐代诗风盛行，科举制度兴盛，茶文化通过诗歌得到盛行；⑤禁酒令措施：安史之乱后，唐代人口锐减，粮食产量大幅下降，粮食不足，特此颁布禁酒令，这使得很多人以茶代酒；⑥温暖的气候：适宜茶叶生长的气候也促进了茶叶种植业的稳定繁荣。这些历史背景的沉淀都为陆羽完成《茶经》奠定了基础。

（四）《茶经》的茶道精神与哲学思想

关于茶道精神，后世有许多理解，有人认为它是一种精神上的享受、是一种艺术、是一种修身养性的手段，也有人认为它是通过饮茶对人进行礼法教育和道德修养的一种仪式。

而"茶道"一词在《茶经》中并未出现，但陆羽通过一定程序的烹茶技巧来表现出茶道以及其中的一定的精神和思想。也许以茶为媒介，通过饮茶获得茶礼、茶艺及道德修养，进而上升到精神世界的一种仪式，应该就是陆羽的茶道精神。

《茶经》开篇，陆羽就提纲挈领，以"精行俭德"对茶加以定性。

所谓精，就是精华、精细也。《茶经》所追求的精是一种至善至美。从采、造到煮饮的茗事及器物都讲究一个"精"。首先要"精器"，要求茶器的制作必须要精致，比如《四之器》关于风炉制造的记载："风炉：风炉以铜铁铸之，如古鼎形，厚三分，缘阔九分，令六分虚中，致其圬墁，凡三足。古文书二十一字，一足云'坎上巽下离于中'，一足云'体均五行去百疾'，一足云'圣唐灭胡明年铸'。其三足之间设三窗，底一窗，以为通飚漏烬之所，上并古文书六字：一窗之上书'伊公'二字，一窗之上书'羹陆'二字，一窗之上书'氏茶'二字，所谓'伊公羹陆氏茶'也……"由此可知，所用茶器之精可见一斑。

还要"精心"。在饮茶的全过程中，人必须要精心精意，表达了一种至善至美、谨严密勿的行为修持。

　　所谓俭，就是有节制，行动谨慎朴素。俭作为茶德，很早就蕴藏在茶事活动中，以茶养廉、以茶养素，是最基本的道德规范。陆羽在《七之事》中，通过介绍历史上名人喜好的饮茶习惯，指出茶道的精神在于清廉、节制、勤俭节约。这便是"俭"之核心所在。

　　茶道属性是俭，《五之煮》中讲："茶性俭，不宜广，广则其味黯澹。"俭，茶才有精神而不暗淡。《茶经》中的茶具都是铜铁木竹陶等朴素材料，也是在从俭。以茶培育"俭德"是《茶经》的基本伦理思想。

　　既不能豪华奢丽也不能粗率轻随，俭必与精相结合，精俭合宜。唯俭，方有道德；唯精，方见精神。以茶培育品德，以茶砥砺精神，是茶道思想的精髓，而精与俭的结合是佛家因缘调和的顿悟，是道家刚柔并济的超脱，更是儒家张弛有度的智慧。

健康成人持续饮用乌龙茶后唾液菌群的变化

刘志彬　郭虹雯　张　雯　倪　莉

　　茶是饮用最广泛的饮料之一。然而,我们对持续饮茶对健康成年人口腔细菌的影响知之甚少。在这项研究中,我们招募了 3 名口腔健康的成年人,并让他们连续 8 周每天饮用 1.0L 乌龙茶(总多酚含量为 2.83g/L)。通过高通量 16S rRNA 测序和多元统计分析,充分比较了唾液菌群在饮茶前中后期的变化。结果表明,饮用乌龙茶降低了唾液细菌的多样性和一些与口腔疾病相关细菌的数量,如链球菌(*Streptococcus*)、南充普雷沃菌(*Prevotella nanceiensis*)、牙周梭菌(*Fusobacterium periodonticum*)、灰色拟普雷沃菌(*Alloprevotella rava*)、产黑素普雷沃菌(*Prevotella melaninogenica*)等,并通过相关网络图和维恩图进行分析。在饮用乌龙茶后,7 个细菌群落,包括链球菌属(*Streptococcus* sp.,OTU_1)、瘤胃球菌属(*Ruminococcaceae* sp.,OTU_33)、嗜血杆菌属(*Haemophilus* sp.,OTU_696)、韦荣球菌属(*Veillonella* sp.,OTU_133 和 OTU_23)、牙溶放线菌(*Actinomyces odontolyticus*,OTU_42)和溶血孪生球菌(*Gemella haemolysans*,OTU_6)均发生了显著改变,并与其他口腔菌群呈现很强的相关性(|*r*|>0.9 和 *P*<0.05)。这些结果表明,持续饮用乌龙茶可以调节唾液菌群,并对口腔病原菌起潜在预防作用。此外,研究还发现,受试者的个体差异也非常显著。

（一）介绍

据估计，在人类口腔中已经发现 700 种不同的细菌，它们构成了复杂的微生物群落[1]。这些细菌通常存在于不同的口腔微环境中，包括唾液、龈上菌斑、龈下菌斑和黏膜。其中，每毫升唾液可容纳 10^8 个细菌，并构成一个微生物库，这些微生物通常来自附着在牙龈缝隙、牙周袋、舌背和其他口腔黏膜表面的牙菌斑生物膜[2]。作为口腔菌群的一个组成部分，口腔健康的人和患有龋齿、牙周炎的患者的唾液菌群是有区别的[3]。此外，几项研究发现，唾液菌群对宿主的总体健康具有显著临床重要性，如预防口腔疾病或感染口腔[4]。因此，唾液菌群可反映口腔整体的微生物群落结构，甚至可提供判断口腔健康状况的线索。

由于口腔暴露于外部环境，唾液菌群可能受到各种因素的影响，包括口腔卫生、吸烟、营养、机械压力和宿主的整体健康状况[5]。营养因素对口腔微生物生态系统的影响不容忽视。口腔中的食物残渣可以作为口腔细菌的底物；而且，部分食物成分可以通过刺激或抑制某些特定的细菌，从而对微生物的定植有一定选择性。例如，据报道，经常饮用富含多酚的饮料和食物，如茶、蔓越莓、咖啡、葡萄、杏仁和不含乙醇的红酒，可以抑制口腔致病菌[6-8]。抑制口腔细菌，特别是牙周致病菌，可以改善其对菌斑生物膜的控制，从而减缓口腔和牙周疾病的炎症和免疫进程[9]。近年来，抗氧化剂、益生菌、天然制剂、维生素等营养食品对口腔健康的影响越来越受到人们的重视[10]。

茶是仅次于水，在世界上最广泛消费的饮料。茶叶的主要成分是类黄酮化合物，包括黄酮醇、黄酮和黄烷 -3- 醇，其中 60% 以上是黄烷 -3- 醇，通常称儿茶素。根据美国农业部类黄酮化合物数据库估计，每天摄入的类黄酮化合物主要是黄烷 -3- 醇（83.5%）；主要来源是茶（157mg），其次是柑橘类果汁（8mg）[11]。世界上有大量的茶叶消费者,尤其是在中国南方,有每日大量饮用茶的习惯。饮茶有许多促进健康的作用,这些作用通常归因于茶中的酚类化合物。茶多酚因其抗菌特性而广为人知,包括对变形链球菌和乳酸菌的抗菌作用[12],被认为具有抗龋作用[13,14]。此外,经常饮茶具有调节肠道菌群的作用[15,16]。然而,关于饮茶对平衡的口腔菌群的影响知之甚少。考虑到茶多酚具有广泛的生物活性,包括抗菌、抗氧化、抗炎、抗龋、调节肠道菌群等作用,我们推测持续饮茶会导致口腔生态发生一定的变化。更好地理解在持续饮茶的情况下口腔生态的变化,有利于茶叶消费者的口腔健康管理。

值得注意的是,由于基因、社会习惯、激素波动、饮食、唾液的质量和数量等方面的差异,受试者的口腔环境不同,会表现出巨大的个体间差异[17]。此外,不同个体的口腔菌群对某些营养因子的反应可能也是不同的。为了了解饮茶对口腔菌群的影响,追踪受试者唾液菌群随着时间的变化趋势,可以在不受个体差异干扰下提供有用的信息。本研究推测持续饮茶会改变唾液菌群的组成,有益于宿主的口腔健康。为了验证这一假设,我们招募了 3 名口腔健康的受试者,并要求他们每天饮用一定量的茶水,通过高通量测序技术分析了他们在饮茶前中后期的唾液菌群。然后,通过多元统计分析方法,分析每个个体唾液菌群的时间动态变化。基于此,我们探讨了持续饮茶对平衡的口腔菌群的影响。

(二)材料与方法

1. 乌龙茶汤的制备和多酚成分分析　本研究使用的茶是一种乌龙茶,购于福建省当地超市。依据当地居民的饮茶方式制备茶水。称取一定量干乌龙茶(全叶),茶水比为 1∶20,在 90~95℃下冲泡 1 分钟,滤去茶叶,以茶汤形式保留。

采用超高效液相色谱(UHPLC)耦合四极飞行时间质谱仪(Q-TOF MS/MS)分析茶汤中的酚类成分[15]。方法概述如下:色谱柱：Acquity UHPLC HSS T3柱（100mm×2.1mm，1.7μm）；进样量：1μl；流动相流速：0.3ml/min；柱温：40℃；检测波长：280nm；流动相A：水；流动相B：乙腈；流动相A、B均含有0.1%（v/v）甲酸；梯度条件：在99%~93% A中洗脱2分钟，2~13分钟流动相A梯度洗脱93%~60% A，13~14分钟流动相A梯度洗脱60%~1%。然后将洗脱液引入配备了电喷雾电离（ESI）的SYNAPT G2-Si高分辨率质谱仪。分析采用负离子模式和正离子模式，采样锥电压为40.0V，毛细管电压为2 500V。离子源温为120℃，在450℃时，溶析气流量为800L/h。飞行时间（TOF）捕获率为0.2s/scan，扫描间延迟0.01秒。在0~14分钟的全扫描中，以收集质荷比100~1 200Da数据。在采集过程中，使用亮氨酸脑啡肽（200ng/ml）对质谱数据进行校正。以50L/min的流速通过锁定喷雾接口，生成正离子模式（［M+H］⁺=556.277 1）和负离子模式（［M−H］⁻=554.261 5）的参考离子以确保质谱分析的准确性。所有数据均使用MarkerLynx软件（4.1版）进行分析。采用福林酚法测定茶叶中总多酚的含量[18]。方法概述如下，取1ml茶汤，5ml福林试剂（稀释10倍），4ml碳酸钠（7.5%，w/v），将其混合。60分钟后，测定765nm处的吸光度。总酚含量以干物质量百分数表示。以没食子酸为外标物。

2. 受试者登记、研究设计、唾液样本采集 本研究受试者的招募标准包括：拥有相对相似生活环境的健康成年人；受试前3个月没有饮茶也没有服用抗生素；没有吸烟习惯。经过筛选，共招募3名健康的成年中国人（2名女性和1名男性），年龄为23岁，均为福州大学学生。观察他们在饮茶前后的牙菌斑及牙龈状况。饮茶前后均未见明显变化。此外，在整个实验期间，参与者没有任何不良反应。本研究获得每个参与者的书面知情同意并经福州大学食品科学技术研究所伦理委员会批准（批准文号：IFSTFZU20180301）。本研究包括3天基线期、8周乌龙茶汤干预期和4周随访期。在干预期间,要求 3 名受试者(受试者 1、受试者 2、受试者 3)每日摄入 1.0L 乌龙茶汤(上午 0.5L,下午 0.5L)。此外,他们需要在饮下茶汤之前先在口腔中循环荡动茶汤。在随访期间,受试者不允许饮用任何茶饮料。除此之外,受试者除采样期间,保持他们的日常饮食和口腔卫生习惯。收集 4 个不同时期的唾液样本,每个时期包括连续 3 天的唾液样品:①基线期连续 3 天的样品;②茶干预 4 周后连续 3 天的样品;③茶干预 8 周后连续 3 天的样品;④随访期结束时连续 3 天的样品。所有唾液样品采集均在上午进行。每个受试者在收集样本之前不允许刷牙及食物饮料的摄入。收集受试者 2ml 非刺激唾液,存于无菌试管中。共采集 3 名受试者的唾液样品 36 份。

3. 唾液细菌 DNA 提取 使用快速 DNA 提取试剂盒,从 36 个唾液样本中提取唾液细菌 DNA。提取的细菌 DNA 经琼脂糖凝胶电泳检测。

4. 唾液细菌的 Illumina 测序 使用带有特定编码的细菌引物 341-F(5′-CCT AYG GGR BGC ASC AG-3′)和 806-R(5′-GGA CTA CNN GGG TAT CTA AT-3′)扩增细菌 16S rRNA 的 V3~V4 区。利用 TruSeq®DNA PCR-Free 样品制备试剂盒(Illumina)构建细菌 16S rRNA 基因测序文库,进行高通量测序。接下来,在 Illumina HiSeq 2500 平台上对文库进行测序。

5. 生物信息学分析 使用 FLASH 软件(1.2.7 版)[19]合并来自 Illumina 平台的原始测序数据,使用 QIIME 软件(1.7 版)进行过滤[20, 21]。然后利用 UPARSE 软件(7.0 版)将所有经过过滤的高质量测序序列聚成操作分类单元(OTU),其序列相似性阈值为 97%[22]。利用 GreenGene 数据库[23]和人类口腔微生物组数据库(HOMD)[24]对每个细菌 OTU 的代表性序列(最丰富的)进行注释。本研究中最少的总序列数为 30 070 条。每个样本的总读数被归一化为 30 070 个序列 / 样本,相应的 OTU 丰度信息被归一化,以便进一步分析。

基于这些标注基因和归一化的输出数据,我们使用不同的统计学分析方法来解释不同数据集的相似性,或者绘制唾液菌群之间的相关网络。首先,使用 R 软件(3.2.5 版)Vegan 包计算群落多样性估计值 Shannon 指数和 Simpson 指数。其次,利用多重反应排列程序(MRPP)和相似度分析(Anosim)比较受试者组内和组间的统计差异[23]。第三,应用主成分分析(PCA)对样本间的 OTU 复杂度差异进行评估和可视化。接下来,根据 Pearson 相关系数计算每个受试者相对丰度超过 0.1% 的 OTU 之间的相关性。将具有强相关性的 OTU($|r|$ >0.9, P <0.05)进一步导入 Gephi 软件(0.8.2 版),生成这些优势菌群的相关网络[25]。具有强相关性的节点(OTU)被定义为核心菌群,与非核心菌群相比,核心菌群更容易与其他节点连接[26, 27]。此外,利用热图对核心菌群的相对丰度进行可视化,并使用 Euclidean 距离和 ward.D 聚类方法对样品进行聚类分析,并进一步展示于热图上。最后,为了确定这 3 个研究对象共有的和独特的核心菌群,根据 Heberle 等[28]描述的方法建立了维恩图。

其他数据用平均值 ± 标准差表示。采用 SPSS 软件(19.0.0 版)的 t 检验或 Duncan 多重比较分析不同数据间的统计学意义,显著性阈值为 0.05。

(三)结果

1. 乌龙茶汤的酚类成分 测定了乌龙茶汤的总多酚含量和酚类成分,结果表明茶汤的总多酚含量为(2.83 ± 0.02)g/L。采用非靶向 UHPLC Q-TOF-MS 方法,对茶汤中酚类成分进行进一步分析。表 2 给出了各色谱峰的质谱特征和初步鉴定结果。从茶汤中初步鉴定了 33 种化学成分,其中生物碱 2 种,黄烷 3- 醇 7 种,有机酸和酯类 7 种,原花青素 4 种,类黄酮苷 11 种,茶黄素 1 种,氨基酸 1 种。在总色谱峰面积中,咖啡碱、表没食子儿茶素、表儿茶素、没食子酸,以及咖啡酰己糖苷是最丰富的成分(表 2)。

表 2　乌龙茶汤的多酚组成

峰号 [a]	t_R/min	初步鉴定	化学式	测量质量 /Da	[M−H]⁻（m/z）理论精确质量 /Da	质量准确度 /ppm
1	1.05	咖啡酰己糖苷（caffeoyl-hexoside）	$C_{15}H_{18}O_9$	341.087 5	341.087 3	0.58
2	1.40	L- 茶氨酸（L-theanine）	$C_7H_{14}N_2O_3$	173.093 1	173.092 7	2.53
3	1.97	表没食子儿茶素葡糖苷酸（epigallocatechin-glucuronide）	$C_{21}H_{22}O_{13}$	481.099 1	481.098 3	1.74
4	2.49	聚酯型儿茶素 C（theasinensin C）	$C_{30}H_{26}O_{14}$	609.123 5	609.124 5	−1.60
5	2.74	没食子酸（gallic acid）	$C_7H_6O_5$	169.014 0	169.013 7	1.52
6	2.92	茶没食子素（theogallin）	$C_{14}H_{16}O_{10}$	343.066 5	343.066 6	−0.19
7	3.80	可可碱（theobromine）[b]	$C_7H_8N_4O_2$	181.073 6	181.072 5	6.04
8	3.84	没食子儿茶素（gallocatechin）	$C_{15}H_{14}O_7$	305.066 2	305.066 2	0.09
9	4.37	聚酯型儿茶素 B（theasinensin B）	$C_{37}H_{30}O_{18}$	761.134 8	761.135 4	−0.83
10	4.41	二没食子酰己糖苷（digalloyl-hexoside）	$C_{20}H_{20}O_{14}$	483.075 8	483.077 5	−3.57
11	4.54	O-甲基没食子酸（O-methylgallic acid）	$C_8H_8O_5$	183.029 5	183.029 4	0.58
12	4.81	theacitrin A	$C_{37}H_{28}O_{18}$	759.119 6	759.119 8	−0.24

续表

峰号 [a]	t_R/min	初步鉴定	化学式	$[M-H]^-$ (m/z)		
				测量质量 /Da	理论精确质量 /Da	质量准确度 /ppm
13	4.91	表没食子儿茶素（epigallocatechin）	$C_{15}H_{14}O_7$	305.068 9	305.066 2	8.94
14	5.16	对香豆酰奎尼酸（p-coumaroylquinic acid）	$C_{16}H_{18}O_8$	337.092 3	337.092 4	−0.26
15	5.36	儿茶素（catechin）	$C_{15}H_{14}O_6$	289.071 8	289.071 3	1.87
16	5.60	咖啡碱（caffeine）[b]	$C_8H_{10}N_4O_2$	195.088 8	195.088 2	3.30
17	5.68	原花青素（procyanidin）	$C_{30}H_{26}O_{12}$	577.135 6	577.134 6	1.65
18	5.79	表儿茶素-表儿茶素（epicatechin-epicatechin）	$C_{30}H_{26}O_{12}$	577.135 6	577.134 6	1.65
19	6.14	对香豆酰奎尼酸（p-coumaroylquinic acid）	$C_{16}H_{18}O_8$	337.092 3	337.092 4	−0.26
20	6.23	表儿茶素（epicatechin）	$C_{15}H_{14}O_6$	289.073 4	289.071 3	7.41
21	6.34	表没食子儿茶素没食子酸酯（epigallocatechin gallate）	$C_{22}H_{18}O_{11}$	457.077 7	457.077 1	1.24
22	6.41	对香豆酰奎尼酸（p-coumaroylquinic acid）	$C_{16}H_{18}O_8$	337.091 8	337.092 4	−1.74
23	6.68	没食子儿茶素没食子酸酯（gallocatechin gallate）	$C_{22}H_{18}O_{11}$	457.077 3	457.077 1	0.37
24	6.92	茶黄素（theaflavin）	$C_{29}H_{24}O_{12}$	563.119 9	563.119 0	1.60

续表

峰号 a	t_R/min	初步鉴定	化学式	[M−H]⁻（m/z）		
				测量质量/Da	理论精确质量/Da	质量准确度/ppm
25	7.01	杨梅黄酮己糖苷（myricetin-hexoside）	$C_{21}H_{20}O_{13}$	479.082 7	479.082 6	0.19
26	7.11	杨梅黄酮己糖苷（myricetin-hexoside）	$C_{21}H_{20}O_{13}$	479.082 5	479.082 6	−0.23
27	7.21	槲皮素己糖基脱氧己糖苷（quercetin-hexosyl-deoxyhexoside）	$C_{33}H_{40}O_{21}$	771.198 6	771.198 4	0.22
28	7.36	槲皮素己糖基脱氧己糖苷（quercetin-hexosyl-hexosyl-deoxyhexoside）	$C_{33}H_{40}O_{21}$	771.198 2	771.198 4	−0.30
29	7.62	山柰酚脱氧己糖基脱氧己糖苷（kaempferol-deoxyhexosyl-deoxyhexoside）	$C_{27}H_{30}O_{14}$	577.155 5	577.155 8	−0.48
30	7.72	山柰酚己糖基脱氧己糖苷（kaempferol-hexosyl-deoxyhexoside）	$C_{33}H_{40}O_{20}$	755.202 9	755.203 5	−0.81
31	8.00	山柰酚己糖基脱氧己糖苷（kaempferol-hexosyl-hexosyl-deoxyhexoside）	$C_{33}H_{40}O_{20}$	755.204 8	755.203 5	1.70
32	8.43	山柰酚己糖基己糖苷（kaempferol-hexosyl-hexoside）	$C_{27}H_{30}O_{15}$	593.150 8	593.150 7	0.18
33	8.78	山柰酚己糖苷（kaempferol-hexoside）	$C_{21}H_{20}O_{11}$	447.092 7	447.092 8	−0.18

注：a 峰号根据相应的色谱图确定；b [M+H]⁺ 模式。

2. 总体唾液细菌结构 通过 Illumina HiSeq 测序分析,对 3 名受试者 12 周的唾液细菌组成进行了观察和评估。总共获得了 1 983 489(平均序列长度为 425bp)条 16S rDNA V3~V4 区的高质量序列。测序覆盖率估计值在 99.8%~100%,表明序列结果可以可靠地描述所有样本中存在的全部菌群。以相似度 97% 为阈值,所有序列聚类成 189~458 个 OTU。

经分类学鉴定,这些序列可注释为 25 个门,260 个属。在门水平上,厚壁菌门(41.04%)、拟杆菌门(24.23%)和变形菌门(23.31%)占绝对优势 OTU(88.59%)。而在属水平上,链球菌属(*Streptococcus*)(28.24%)、嗜血杆菌属(*Haemophilus*)(15.97%)、普雷沃菌属(*Prevotella*)(14.64%)、拟普雷沃菌属(*Alloprevotella*)(5.27%)和奈瑟菌属(*Neisseria*)(4.21%)是 3 个受试者中最常见的细菌类群,占全部唾液细菌的 69.05%。这些细菌分类单元在门级和属级的相对丰度如图 13 所示。这些结果总体上与 Belstrøm 等的研究结果一致,其结果表明 5 种最主要的口腔菌属是链球菌属(*Streptococcus*)、嗜血杆菌属(*Haemophilus*)、普雷沃菌属(*Prevotella*)、罗氏菌属(*Rothia*)和奈瑟菌属(*Neisseria*),约占所鉴定 OTU 数目的 50%[14]。

3. 唾液菌群的比较 基于所有 OTU 的相对丰度,首先观察唾液菌群多样性(以 Shannon 指数和 Simpson 指数表示),结果如表 3 所示。与基线(第 0 周)相比,在饮茶 8 周后,除了第 3 名受试者的 Shannon 指数外,3 名受试者的群落多样性显著下降。

为了充分比较这 3 名受试者唾液菌群的同质性,随后进行了 MRPP 和 Anosim 测试。在两两比较中,MRPP 检验的 Δ 值和 Anosim 检验的 R 值均为正值,表明两组间具有较高的相似性(如表 4 所示)。因此,个体间唾液微生物群落的差异性远远大于个体在饮茶过程中的差异性。

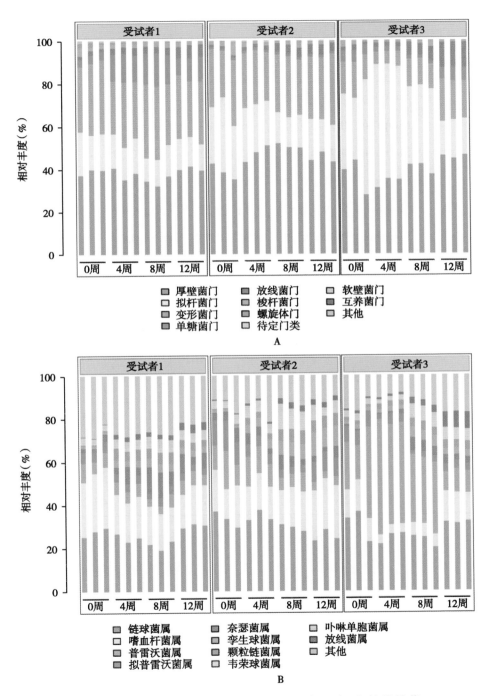

图 13 唾液样品中的门水平（A）和属水平（B）的优势菌

表 3   各个受试者唾液菌群多样性随时间的变化

受试者	多样性指数	基线期	茶干预期		随访期
		0 周	4 周	8 周	12 周
1	Shannon	5.28 ± 0.41^a	4.68 ± 0.27^{ab}	4.00 ± 0.39^b	4.17 ± 0.40^b
	Simpson	0.94 ± 0.02^a	0.89 ± 0.03^{ab}	0.81 ± 0.04^b	0.84 ± 0.06^b
2	Shannon	4.79 ± 0.58^a	4.63 ± 0.22^{ab}	4.02 ± 0.27^b	4.37 ± 0.13^{ab}
	Simpson	0.91 ± 0.06^a	0.88 ± 0.06^a	0.83 ± 0.05^b	0.90 ± 0.02^a
3	Shannon	3.99 ± 0.57^a	3.93 ± 0.27^a	3.90 ± 0.17^a	4.07 ± 0.65^a
	Simpson	0.85 ± 0.10^a	0.83 ± 0.03^a	0.80 ± 0.03^b	0.83 ± 0.09^a

注:数值以平均值 ± 标准差(n=3)表示。在同一行中不同的上标字母(a, b)表示样品间具有显著性差异($P<0.05$);相同的上标字母表示样品间差异不显著($P \geqslant 0.05$)。

表 4   受试者间唾液菌群的 MRPP 和 Anosim 分析

数据集对比	MRPP		Anosim	
	Δ	P	R	P
受试者 1 vs. 受试者 2	0.196 9	0.001	0.710 5	0.001
受试者 1 vs. 受试者 3	0.147 9	0.001	0.488 6	0.001
受试者 2 vs. 受试者 3	0.191 9	0.001	0.756 2	0.001
受试者 1 vs. 受试者 2 vs. 受试者 3	0.222 7	0.001	0.648 2	0.001

通过主成分分析(PCA)对每个受试者在不同采样时间的唾液菌群结构进行分析(图14)。对于受试者1,基线期唾液菌群与茶干预期和随访期唾液菌群分离,而随访期唾液菌群与茶干预期唾液菌群聚集。受试者2在第0周和其他实验期间,唾液菌群有明显区别,而第12周和第4周的唾液菌群有重叠。受试者3在不同的饮茶周期中表现出了相对较高的相似性,这可能表明饮茶对唾液菌群的影响较小(表3,表4)。

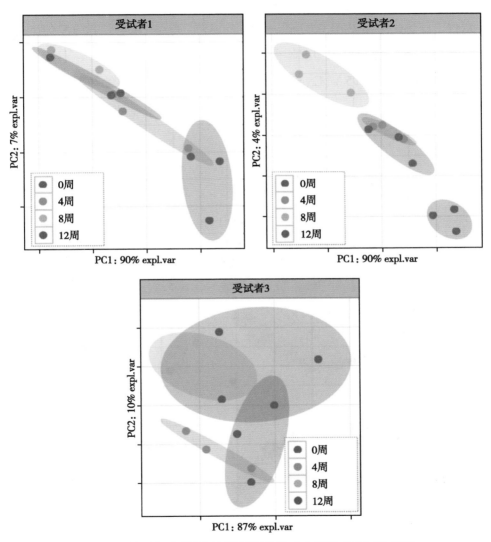

图 14　基于各个受试者唾液菌群相对丰度的 PCA 散点图

PC1. 第一主成分　PC2. 第二主成分

4. 唾液菌群的相关网络　根据 Illumina 测序结果,3 名受试者中共有 67 个 OTU 是唾液中的优势菌群,其相对丰度超过 0.1%。计算各受试者优势唾液菌群之间的 Pearson 相关性,并将其强相关性($|r|$ >0.9 和 P <0.05)进一步表示为关系网络。比较 3 组关系网络发现,受试者 1 的唾液菌群共生模式最为复杂,共有 128 个强连接数(如图 15A、C、E);受试者 2 和 3 的强连接数分别为 49 和 41。

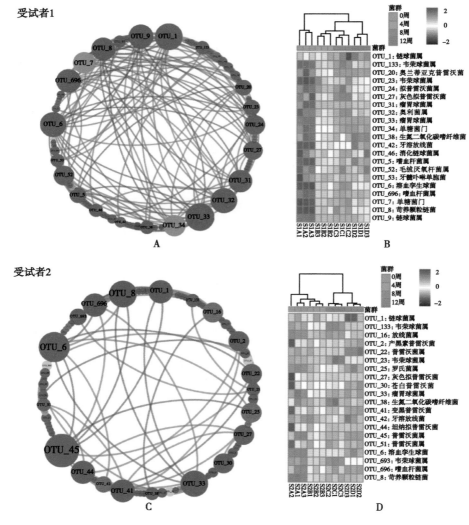

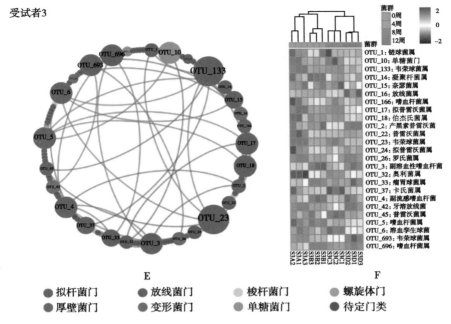

图 15　3 名受试者唾液中优势菌群的相关关系网络（A、C、E）和核心唾液微生物相对丰度热图（B、D、F）

在关系网络图中，一个节点代表一个 OTU，颜色代表其门水平信息，节点大小代表其与其他细菌的关联数量，节点间连线代表细菌间具有强连接（|r|>0.9，P<0.05）；红色线代表正相关，蓝色线代表负相关。具有较多强连接数量的微生物被选作"核心细菌"，其相对丰度进一步用热图展示

5. 唾液核心菌群鉴定　网络中每个节点的大小表示与其他节点的强连接的数量，因此，我们将节点大小较大的 OTU 定义为每个受试者的唾液核心菌群，该菌群与其他细菌的联系更为密切。在本研究中，我们从每个受试者中选择了 20 个左右的核心 OTU。在受试者 1 中，21 个 OTU 被确定为核心菌群（如图 15A），这些细菌相对丰度的变化进一步用热图表示（如图 15B）。其中，8 个 OTU（OTU_133、OTU_23、OTU_42、OTU_5、OTU_6、OTU_7、OTU_8、OTU_9）在茶干预后升高，其余 13 个 OTU 降低，此外，OTU_1、OTU_42 和 OTU_5 在随访期间（第 12 周）增加。在受试者 2 和 3 中，20 个和 25

个 OTU 分别被确定为核心菌群（如图 15C、E）。这些唾液核心菌群在 12 周实验期间相对丰度的变化如图 15D、F 所示。

通过维恩图，7 个 OTU，包括 OTU_1（链球菌属 *Streptococcus* sp.）、OTU_133（韦荣球菌属 *Veillonella* sp.）、OTU_23（韦荣球菌属 *Veillonella* sp.）、OTU_33（瘤胃球菌属 *Ruminococcaceae* sp.）、OTU_42（牙溶放线菌 *Actinomyces odontolyticus*）、OTU_6（溶血孪生球菌 *Gemella haemolysans*）和 OTU_696（嗜血杆菌属 *Haemophilus* sp.）被确定为 3 个受试者共同的核心菌群（图 16A）。独特的唾液核心菌群也如图 16A 所示。在 3 个受试者的整个实验期间，基于这些共同的核心菌群相对丰度，进一步描绘了 PCA 散点图。观察到基线期样品（第 0 周）与其他样品明显分离，这表明这 7 个 OTU 在饮茶后发生了显著变化。第 4 周和第 8 周的 PCA 散点图聚集成 2 个离散的簇，这表明饮茶后细菌会出现时间依赖性反应。在第 12 周，这一簇位于第 4 周和第 8 周之间，表明在后续非饮茶阶段，细菌分布模式相对相似。这 7 个共同的核心唾液菌群在 12 周的实验期间随时间的动态变化反映在图 17 中。总体而言，与基线期相比，在第 4 周时，瘤胃球菌属（*Ruminococcaceae* sp., OTU_33）和嗜血杆菌属（*Haemophilus* sp., OTU_696）被显著抑制（$P<0.05$），而韦荣球菌属（*Veillonella* sp., OTU_133）、牙溶放线菌（*Actinomyces odontolyticus*, OTU_42）和溶血孪生球菌（*Gemella haemolysans*, OTU_6）均有显著提高（$P<0.05$）。经过 8 周饮茶之后，链球菌属（*Streptococcus* sp., OTU_1）、瘤胃球菌属（*Ruminococcaceae* sp., OTU_33）、嗜血杆菌属（*Haemophilus* sp., OTU_696）明显抑制（$P<0.05$），而韦荣球菌属（*Veillonella* sp., OTU_133、OTU_23）、牙溶放线菌（*Actinomyces odontolyticus*, OTU_42）、溶血孪生球菌（*Gemella haemolysans*, OTU_6）均有显著提高（$P<0.05$）。随访期间，只有链球菌属（*Streptococcus* sp., OTU_1）恢复到初始水平（$P>0.05$）。

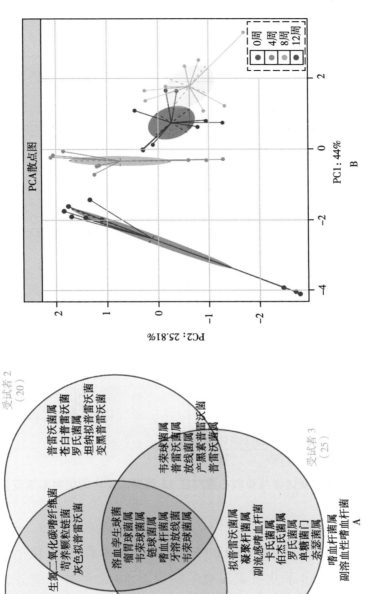

图 16 各个受试者核心唾液菌群的维恩图（A）和基于核心菌群相对丰度的 PCA 散点图（B）

PC1. 第一主成分　PC2. 第二主成分

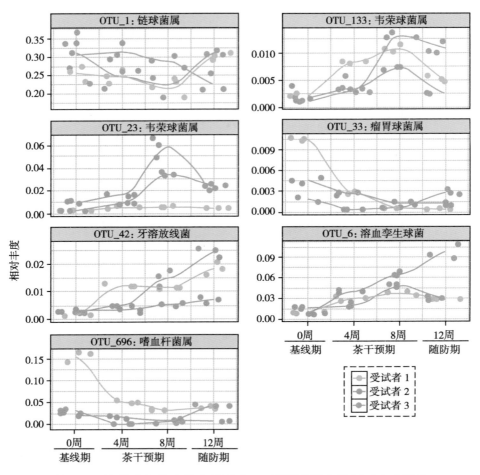

图 17 3 位受试者共有核心菌群在 12 周受试期内的相对丰度变化

（四）讨论

本研究以含有（2.83 ± 0.02）g/L 多酚的乌龙茶汤，包括儿茶素、表儿茶素、表没食子儿茶素没食子酸以及 30 余种其他成分，用来评价茶对唾液菌群的调节作用。3 名受试者被要求每天饮用 1.0L 茶汤，相当于每日摄取 52mg/kg 茶多酚。茶的制备方法和饮茶量符合中国南方一般人的饮茶习惯。这将提供一个符合实际的研究结论。在此用量下，3 名受试者唾液菌群的反应各不相同。

通过 Illumina 高通量测序，我们发现，在健康成年人口腔唾液中存在一个高度多样化的菌群。从 36 个唾液标本中共鉴定出 8 801 个 OTU，分属 25 个门类 260 个属类。除了复杂性之外，我们还发现，受试者的唾液菌群存在巨大的个体差异，表现出宿主特异性的微生物群落特征；每个参与者对饮茶后的整体反应也不同。MRPP 试验和 Anosim 试验的 Δ 值和 R 值均为正值，表明在不同研究对象间，唾液微生物的差异远比同一受试者不同时间点的差异更为显著（表 4）。将 3 个受试者的 36 个唾液菌群数据集投射到 PCA 图中，没有观察到明显的聚类。每个参与者独特的相关网络也证实了宿主特异性唾液菌群。这些结果和 Belstrøm 等的报道是一致的，该作者证实，在他们的研究中 5 位受试者均有一个个性化的唾液细菌指纹图谱[29]。Hall 等也指出，口腔菌群的指纹图谱因人而异[17]。因此，为了使个体间差异最小化，在本研究中对来自不同受试者的数据集进行分别分析，否则个体间差异可能会掩盖茶的作用。

　　总的来说，饮用乌龙茶导致了受试者 1 和受试者 2 唾液菌群多样性的显著减少。Takeshita 等在基于人群的研究中指出，良好的口腔健康与唾液菌群较低的系统发育多样性有关[5]。此外，Vestman 等发现，补充益生菌后，牙齿生物膜样品的多样性降低[30]。肠道菌群多样性的增加通常与肠道健康状况的改善有关，如通过扩展功能基因促进营养和能量的吸收，或适当发展免疫。肠道内的共生菌群通常与宿主和谐共处，与之相反，口腔内菌群导致了两种最常见的疾病，包括龋齿和牙周病[31]。唾液菌群多样性的增加可能与附着细菌的积累导致的牙菌斑增多有关，从而增加了龋齿和牙周病的风险。而唾液中分类多样性的减少可能意味着牙菌斑生物膜中菌群的减少，从而带来更健康的口腔生态环境。但是对于受试者 3，除了第 8 周的 Simpson 指数外，唾液微生物群落多样性的降低不显著，这可能表明茶对受试者 3 的调节作用较低。此外，根据主成分分析结果，受试者 1 和受试者 2 唾液菌群组成的整体变化显著。然而在受试者 3 中,在不同的采样时间点上发现了更高的变异,这也可能表明饮茶对受试者 3 唾液菌群的有效性较低。

口腔作为进入胃肠道的门户,是人体最复杂的微生物菌落场所之一[32]。为了更好地了解这个复杂的生态系统,本研究使用了一个相关网络来简化和可视化唾液菌群的共生模式。将与其他唾液细菌有密切联系的细菌类群定义为"核心唾液细菌"。随后,通过热图呈现了每个核心唾液细菌的时间动态变化。之后,通过维恩图,进一步确定了 3 个研究对象的共有核心菌群。对不同受试者分别进行的相关网络分析,揭示了在相同的可接触环境下,饮茶对唾液微生物群落组成的具体影响。因此,它最小化了受试者之间的个体间差异。同时,维恩图又可进一步整合这些信息,帮助寻找饮茶产生的共同影响。

具体而言,在这 3 个受试者中,有 7 个共同的核心 OTU 从高度复杂和个性化的口腔生态系统中识别出来。值得注意的是,OTU_1(链球菌属 Streptococcus sp.)作为最主要的分类单元,也作为一个共同的核心菌群,与其他口腔细菌有良好的相互作用。由于链球菌属(Streptococcus)的生物膜形成能力和产酸能力,该属的多个细菌,包括变形链球菌(Streptococcus mutans)、茸毛链球菌(Streptococcus sobrinus)、唾液链球菌(Streptococcus salivarius)、星群链球菌(Streptococcus constellatus)和副血链球菌(Streptococcus parasanguinis),被认为是条件致病菌[33]。关于链球菌属(Streptococcus sp.)的动态变化,在 8 周的饮茶后发现有显著下降(-16.94%, $P=0.035$)。因此,本研究观察到茶对链球菌属的抑制作用,这种作用可能有助于预防龋齿。有大量证据支持茶在预防这种口腔病原体方面的有益作用。Narotzki 等综述了有关绿茶与口腔健康相关性的临床和生物学研究,认为绿茶可以通过抑制细菌生长和抑制酶活性来减少龋齿的发生[14]。除了绿茶外,红茶提取物能在体外抑制变形链球菌的黏附[34]。Kawarai 等比较了阿萨姆茶和绿茶对变形链球菌生物膜形成的抑制作用,并确定了阿萨姆茶比绿茶具有更强的生物膜抑制活性[35]。特定的茶对口腔病原体的抑制活性通常归因于茶中的酚类成分[14]。

OTU_33(瘤胃球菌属 *Ruminococcaceae* sp.)和 OTU_696(嗜血杆菌属 *Haemophilus* sp.)也有类似的抑制作用,这两种细菌都是这 3 个受试者的核心菌群。嗜血杆菌(*Haemophilus*)是一种常见于口腔、阴道和肠道的细菌。该属包括共生生物,以及一些致病物种,如流感嗜血杆菌(*H. influenzae*)、杜克雷嗜血杆菌(*H. ducreyi*)。茶对嗜血杆菌的抑制作用也可降低感染风险。瘤胃球菌属(*Ruminococcaceae*)是最典型的肠道菌群之一,在人体肠道内大量存在。然而,饮茶导致该菌衰竭的生物学意义尚不明确。

在本研究中,我们发现,饮茶后,OTU_133(韦荣球菌属 *Veillonella* sp.)、OTU_23(韦荣球菌属 *Veillonella* sp.)、OTU_42(牙溶放线菌 *Actinomyces odontolyticus*)和 OTU_6(溶血孪生球菌 *Gemella haemolysans*)水平显著升高,这些都是这 3 名受试者的核心网络节点。Lim 等证明了嗜血杆菌属(*Haemophilus*)和韦荣球菌属(*Veillonella*)之间存在显著负相关关系[36],这与我们的结论一致。此外,据报道,一些特定口腔共生体的建立与口腔健康有关,如属于奈瑟菌属(*Neisseria*)、韦荣球菌属(*Veillonella*)和放线菌属(*Actinomyces*)的细菌种类[37],尽管关于确切机制的细节尚不清楚。此外,在整个随访期间,对这 4 种核心细菌的影响持续升高,这表明了饮茶的持续影响。

关于茶对唾液微生物群修饰作用的机制,有研究者提出了以下几种机制来解释这种特殊作用:①茶多酚具有抗菌特性,被认为有助于抑制某些细菌,包括某些病原菌[13,14];②茶多酚作为抗氧化剂,可减轻口腔氧化应激和炎症反应,进一步影响口腔免疫系统,引起菌群的变化[14]；③茶多酚可以沉淀唾液蛋白，抑制唾液 α- 淀粉酶的活性，从而能够减少参与龋齿形成的碳水化合物的发酵[38]。然而，精确的机制仍然是模糊的，因此有必要进一步研究。大量的流行病学研究和临床试验已经证实，经常喝茶可以降低心血管疾病的风险，包括冠心病、中风和外周动脉疾病[39]。最近的研究表明，牙周病和心血管疾病之间存在相关性[40,41]。因此，从减轻系统炎症和免疫过程的角度出发，可阐明其潜在机制。例如，将茶与内源性介质因子，如内皮素[42]和维生素[9]的水平进行关联分析，可能为开发具有良好安全性和耐受性的新型抗生素开辟一条新的道路。

我们也意识到，本研究中受试者的数量不足可能会限制我们获得具有统计学意义的结论。如前所述，使用有限的受试者并分别追踪每个个体的口腔唾液细菌的变化可能有助于最小化个体间的差异。然而，本研究的结论还需采用更大的样本量进行进一步的验证。

（五）结论

综上所述，以 3 名健康成人志愿者为研究对象，我们的研究表明，连续 8 周每天饮用 1.0L 乌龙茶会导致菌群多样性降低，同时也会干扰与其他唾液微生物紧密关联的核心唾液细菌。此外，研究还发现，个体间的差异巨大，这意味着不同个体饮用乌龙茶可能存在不同反应。为了进一步阐明唾液菌群的变化与宿主口腔健康的生理相关性，需要有更大的样本量和更深入的机制研究。

参考文献

[1] Jenkinson HF, Lamont RJ. Oral microbial communities in sickness and in health[J]. Trends Microbiol, 2005, 13(12): 589-595.

[2] Ubele van der Velden, Arie Jan van Winkelhoff, Fysol Abbas, et al. The habitat of periodontopathic micro-organisms[J]. J Clin Periodontol, 1986, 13

（3）：243-248.

[3] Yang F, Zeng X, Ning K, et al. Saliva microbiomes distinguish caries-active from healthy human populations[J]. ISME J, 2012, 6（1）: 1-10.

[4] Lazarevic V, Whiteson K, Hernandez D, et al. Study of inter-and intra-individual variations in the salivary microbiota[J]. BMC Genomics, 2010, 11: 523.

[5] Takeshita T, Kageyama S, Furuta M, et al. Bacterial diversity in saliva and oral health-related conditions: The Hisayama Study[J]. Sci Rep, 2016, 6: 22164.

[6] Chinsembu KC. Plants and other natural products used in the management of oral infections and improvement of oral health[J]. Acta Trop, 2016, 154: 6-18.

[7] Musarra-Pizzo M, Ginestra G, Smeriglio A, et al. The antimicrobial and antiviral activity of polyphenols from almond（*Prunus dulcis* L.）skin[J]. Nutrients, 2019, 11（10）: 2355.

[8] Tsou SH, Hu SW, Yang JJ, et al. Potential oral health care agent from coffee against virulence factor of periodontitis[J]. Nutrients, 2019, 11（9）: 2235.

[9] Isola G, Polizzi A, Muraglie S, et al. Assessment of vitamin C and antioxidant profiles in saliva and serum in patients with periodontitis and ischemic heart disease[J]. Nutrients, 2019, 11（12）: 2956.

[10] Isola G. Current evidence of natural agents in oral and periodontal health[J]. Nutrients, 2020, 12（2）: 585.

[11] Chun OK, Chung SJ, Song WO. Estimated dietary flavonoid intake and major food sources of U. S. adults[J]. J Nutr, 2007, 137（5）: 1244-1252.

[12] Ferrazzano GF, Roberto L, Amato I, et al. Antimicrobial properties of green tea extract against cariogenic microflora: an in vivo study[J]. J Med Food, 2011, 14（9）: 907-911.

[13] Ferrazzano GF, Amato I, Ingenito A, et al. Anti-cariogenic effects of polyphenols from plant stimulant beverages（cocoa, coffee, tea）[J]. Fitoterapia, 2009, 80（5）: 255-262.

[14] Narotzki B, Reznick AZ, Aizenbud D, et al. Green tea: a promising natural

product in oral health[J]. Arch Oral Biol, 2012, 57(5): 429-435.

[15] Liu Z, Chen Z, Guo H, et al. The modulatory effect of infusions of green tea, oolong tea, and black tea on gut microbiota in high-fat-induced obese mice [J]. Food Funct, 2016, 7(12): 4869-4879.

[16] Liu Z, Bruins ME, Ni L, et al. Green and black tea phenolics: Bioavailability, transformation by colonic microbiota, and modulation of colonic microbiota[J]. J Agric Food Chem, 2018, 66(32): 8469-8477.

[17] Hall MW, Singh N, Ng KF, et al. Inter-personal diversity and temporal dynamics of dental, tongue, and salivary microbiota in the healthy oral cavity[J]. NPJ Biofilms Microbiomes, 2017, 3: 2.

[18] Obanda M, Owuor PO, Taylor SJ. Flavanol composition and caffeine content of green leaf as quality potential indicators of Kenyan black teas [J]. J Sci Food Agr, 1997, 74(2): 209-215.

[19] Magoč T, Salzberg SL. FLASH: Fast length adjustment of short reads to improve genome assemblies[J]. Bioinformatics, 2011, 27(21): 2957-2963.

[20] Caporaso JG, Kuczynski J, Stombaugh J, et al. QIIME allows analysis of high-throughput community sequencing data[J]. Nat Methods, 2010, 7 (5): 335-336.

[21] Bokulich NA, Subramanian S, Faith JJ, et al. Quality-filtering vastly improves diversity estimates from Illumina amplicon sequencing[J]. Nat Methods, 2013, 10(1): 57-59.

[22] Edgar RC. UPARSE: Highly accurate OTU sequences from microbial amplicon reads[J]. Nat Methods, 2013, 10(10): 996-998.

[23] DeSantis TZ, Hugenholtz P, Larsen N, et al. Greengenes, a chimera-checked 16S rRNA gene database and workbench compatible with ARB [J]. Appl Environ Microbiol, 2006, 72(7): 5069-5072.

[24] Chen T, Yu WH, Izard J, et al. The Human Oral Microbiome Database: A web accessible resource for investigating oral microbe taxonomic and genomic information[J]. Database(Oxford), 2010, 2010: baq013. doi: 10.1093/database/baq013.

[25] Bastian M, Heymann S, Jacomy M. Gephi: An open source software for

exploring and manipulating networks[J]. ICWSM, 2009, 8: 361-362.

[26] Faust K, Lima-Mendez G, Lerat JS, et al. Cross-biome comparison of microbial association networks. Front[J]. Microbiol, 2015, 6: 1200.

[27] Layeghifard M, Hwang DM, Guttman DS. Disentangling interactions in the microbiome: A network perspective[J]. Trends Microbiol, 2017, 25 (3): 217-228.

[28] Heberle H, Meirelles GV, da Silva FR, et al. InteractiVenn: A web-based tool for the analysis of sets through Venn diagrams[J]. BMC Bioinformatics, 2015, 16(1): 169.

[29] Belstrøm D, Holmstrup P, Bardow A, et al. Temporal stability of the salivary microbiota in oral health[J]. PLoS One, 2016, 11(1): e0147472.

[30] Vestman NR, Chen T, Holgerson PL, et al. Oral microbiota shift after 12-week supplementation with Lactobacillus reuteri DSM 17938 and PTA 5289: a randomized control trial[J]. PLoS One, 2015, 10(5): e0125812.

[31] Wade WG. The oral microbiome in health and disease[J]. Pharmacol Res, 2013, 69(1): 137-143.

[32] Human Microbiome Project Consortium. Structure, function and diversity of the healthy human microbiome[J]. Nature, 2012, 486(7402): 207-214.

[33] Jiang W, Ling Z, Lin X, et al. Pyrosequencing analysis of oral microbiota shifting in various caries states in childhood[J]. Microb Ecol, 2014, 67 (4): 962-969.

[34] Limsong J, Benjavongkulchai E, Kuvatanasuchati J. Inhibitory effect of some herbal extracts on adherence of Streptococcus mutans[J]. J Ethnopharmacol, 2004, 92(2-3): 281-289.

[35] Kawarai T, Narisawa N, Yoneda S, et al. Inhibition of Streptococcus mutans biofilm formation using extracts from Assam tea compared to green tea[J]. Arch Oral Biol, 2016, 68: 73-82.

[36] Lim MY, Yoon HS, Rho M, et al. Analysis of the association between host genetics, smoking, and sputum microbiota in healthy humans[J]. Sci Rep, 2016, 6: 23745.

[37] Paropkari AD, Leblebicioglu B, Christian LM, et al. Smoking, pregnancy and the subgingival microbiome[J]. Sci Rep, 2016, 6: 30388.

[38] Hara K, Ohara M, Hayashi I, et al. The green tea polyphenol (－)-epigallocatechin gallate precipitates salivary proteins including alpha-amylase: Biochemical implications for oral health[J]. Eur J Oral Sci, 2012, 120(2): 132-139.

[39] Khan N, Mukhtar H. Tea polyphenols in promotion of human health[J]. Nutrients, 2018, 11(1): 39.

[40] Isola G, Alibrandi A, Currò M, et al. Evaluation of salivary and serum ADMA levels in patients with periodontal and cardiovascular disease as subclinical marker of cardiovascular risk[J]. J Periodontol, 2020, doi: 10.1002/JPER.19-0446.

[41] Isola G, Giudice AL, Polizzi A, et al. Periodontitis and tooth loss have negative systemic impact on circulating progenitor cell levels: a clinical study[J]. Genes(Basel), 2019, 10(12): 1022.

[42] Isola G, Polizzi A, Alibrandi A, et al. Analysis of endothelin-1 concentrations in individuals with periodontitis[J]. Sci Rep, 2020, 10(1): 1652.

52检